優衣策略

UNIQLO 思維

柳井正的不敗服裝帝國
超強悍的品牌經營策略

谷本真輝，金躍軍 著

風靡全球の日本國民品牌
屢創奇蹟的休閒服裝神話

UNIQLO，全名「Unique Clothing Warehouse」意即「獨一無二的服裝倉庫
且看 UNIQLO 創辦人、《富比士》富豪榜上的常客——柳井正
究竟是如何創造出這一段輝煌的服飾品牌成功史！

CONTENTS

目錄

第三章　品質：Uniqlo 的常識

第四章　實力主義：品牌崛起的催化劑

第五章　一勝九敗是最大的思考術

CONTENTS

第九章　把世界當成主戰場

第一章 改變服裝．改變常識．改變世界

◈洞悉業態，提升眼界◈

在日本，有一種服飾的品牌，叫做「Uniqlo」。Uniqlo 的全名是 UNIQUE CLOTHING WAREHOUSE，翻譯過來的大致意思是：「獨一無二的服裝倉庫。」它的內在含義是指透過摒棄不必要裝潢裝飾的倉庫型店鋪，採用超市型的自助購物方式，以合理可信的價格提供顧客所希望的商品。在日本本土，這家以「便宜有好貨」為噱頭的賣場，幾乎占據了其國內服裝市場的半壁江山。低價格自然是一個誘人的好賣點，但對於大眾消費者來說，一件衣服是什麼品牌，很大程度上體現著這個人的品味如何。歐美流行的 ZARA、H&M 已經成為一種文化的象徵，然而 Uniqlo 卻在日本這個國家做到了和這兩家商業巨頭平起平坐的地步。

當下，Uniqlo 的服飾品牌，已經占據到了世界排名的前幾位。早在二十一世紀之初的時

候，Uniqlo 就迅速成為占領市場的國民品牌，並且成為日本平價服飾的代表。短短十年的時間，Uniqlo 由日本的自有品牌，成長為國際服裝巨頭。在國際舞台上，Uniqlo 的腳步遍布世界各地。二〇〇九年，Uniqlo 的年度營業額達到了六千八百五十億日元，高居世界第五位。而 Uniqlo 的發言人在二〇一〇年十一月二十二日宣布，包括日本國內八百多家直營店鋪和網上商店在內，Uniqlo 的單日銷售額首次突破一百億日元，刷新了歷史最高紀錄。

並且，Uniqlo 的當家人柳井正已經豪邁說出了自己的願景，他們要把 Uniqlo 打造成全球最大的成衣王國。

Uniqlo 的前身，是一家傳統的西裝店。緣何這麼一間不起眼的家族西裝店能夠在「二戰」後迅速轉變策略目標，從而成為當今世界首屈一指的服裝品牌呢？這一切，都要從 Uniqlo 的當家人柳井正講起。

Uniqlo 可以說是柳井正一手撫養大的孩子。柳井正早年畢業於早稻田大學經濟學專業，一九七二年八月，柳井正進入了家族的迅銷公司。公司名稱是 FAST RETAILING，這其中包含了很多特別的含義。「FAST（迅速）+ RETAILING（零售）」體現了如何將顧客的要求迅速商品化、如何迅速提供商品這一企業根本精神，也表達出他們期望成為擁有速食文化這一世界通用理念的服裝零售界的代表。自一九八四年就任迅銷公司的董事長兼總經理之後，柳井正就面臨著一個具有變革性的任務。

此前兩年，當時的柳井正已經是迅銷公司的專務董事。一九八二年，他正在美國考察，當他看到美國大學中盛行的用倉庫型自助購物的方式來售賣服裝之後，大受啟發的他決定把這種銷售方式引入日本。一九八〇年代，「二戰」後的日本經濟早已復甦，並且正在快速走上騰飛之路，人們的生活節奏開始加快，如此自助的購物方式恰好和人們日漸改變的購物需求相適應，也正好符合了公司「迅銷」的名稱。於是，透過一系列商品策劃、開發和銷售體系的營運，柳井正改良後的大賣場式的服裝銷售方式得以在日本初露端倪。

一九八四年六月分，第一家 Uniqlo 的倉庫型服裝專賣店在廣島開業了。顧不上天氣的炎熱，人們每天一大早就在 Uniqlo 門前排著隊等待進店購物。為了應對這一意想不到的盛況，同時也是為了幫 Uniqlo 聚攏更多的人氣，柳井正臨時決定為所有排隊購物的顧客們送早餐。麵包加牛奶，成了 Uniqlo 開門紅的一記奇招。

Uniqlo 成功的銷售模式，正是源於柳井正開闊雙眼看世界所學來的結果。廣島的成功，不論是對柳井正還是對 Uniqlo 來說，都是全新的開始。家族傳統經營的西裝店已經沒有太多的發展前景，想要找條活路，就必須時刻學習。而 Uniqlo 的發展壯大歷程，也正是柳井正本人的創業史。

其實，Uniqlo 的第一次成功，源於柳井正巧妙在其中偷換了一個概念。「公司只有一個上司，即顧客。」這句沃爾瑪的格言成了 Uniqlo 的信條，柳井正看到了顧客在進店選購衣服的時候，要麼是滿臉茫然任由服務員牽著鼻子走，要麼就是對服務員的耐心講解呈現出一副厭煩的態勢。因此，真正讓顧客去自由選擇其喜歡的衣服，才是王道。

顧客至上的理念促進了 Uniqlo 的成功，柳井正憑藉著一雙慧眼抓住了顧客的這一需求，同時這也正是迅銷公司的需求。在他把這一新理念變成實際的時候，Uniqlo 已然在悄悄改變日本的服裝銷售模式。透過一個微不足道的小點，柳井正和他的 Uniqlo 找到了改變世界的大門。

◈無國界的 SPA 經營哲學◈

「把好的衣服，賣給各式各樣的人。」這句最簡單的經營理念，成就了 Uniqlo 的王國。在經濟危機的陰雲籠罩下，Uniqlo 的當家人柳井正卻接連榮獲了日本首富的稱號。甚至在各大世界富豪身家都大幅度縮水的情形下，柳井正仍能夠扶搖直上。這背後，隱藏的是 Uniqlo 的另一撒手鋼——無國界的 SPA 經營哲學。

「SPA 模式」（Special Retailer of Private Label Apprael，自有品牌服飾專營商店）是一種企業全程參與商品企劃（設計）、生產、物流、銷售等產業環節的一體化商業模式。SPA 的概念是在一九八六年由美國服裝巨頭 GAP 最先提出的，是一種從商品策劃、製造到零售都整合起來的垂直整合型銷售形式。從一九九〇年代開始，實力強勁的 SPA 企業相繼登場，使這一經營理念作為服裝領域最強的商業模式在世界範圍內普及開來。

單從營運模式來看，「SPA 模式」的思路和方式與「垂直整合」有著最為相似的一面。但其實，真正的「SPA 模式」不但有「垂直整合」的特徵，還兼具了「水平整合」的內容。

在「垂直整合」模式中，企業幾乎擁有了產業鏈中的每個環節，但是隨著產業分工越來越細，這一模式的弊端也日漸顯露。而「水平整合」重在強調合理利用企業本身的資源來降低經營成本，從而形成了從產品的供應商到製造商再到分銷商相互關聯的產業鏈。也就是說，處於核心地位的企業負有整合產業鏈中各個環節的責任。

Uniqlo 在不斷發展壯大的過程中，也先後經歷了「垂直整合」和「水平整合」的時代。然而，不論是哪一種模式，都有著其不可避免的弊端。因此，只有把兩種不同的模式相結合，採取取長補短的態勢，才能真正做出一條更加完美的產業鏈。「SPA 模式」也就應運而生。

日本是一個紡織服裝行業十分發達的國家。一般來說人們認為，Uniqlo 一直是零售商的角色。而這一角色的定位，對「SPA 模式」的產生有著至關重要的影響。只有零售商，才能快速且熟練掌握消費者的各種需求。因此，不論是在「垂直整合」還是在「水平整合」模式中，零售商始終都是最根本的資訊來源。掌握什麼樣的資訊，決定著企業今後應該向哪一個方向前進。也就是說，零售商其實起著主導作用，零售商的靈敏度和反應度如何，決定著整個產業鏈能否跟得上日漸改變的消費需求。

Uniqlo 向 SPA 經營模式的轉變始於一九八六年。這一年，柳井正在香港認識了黎智英——「Giordano」的創始人。黎智英正是透過「SPA 模式」白手起家，成功把「Giordano」打入了世界服裝市場的。看到這一極為成功的經營模式，當時急於尋求突破的柳井正像是找到了救命稻草一般，「SPA 模式」也因此而成為 Uniqlo 的一劑強心針，從而開創了一個全新的 Uniqlo 時代。

不服輸的柳井正說：「我和黎智英是同年出生，他能夠做到的事情，我當然也能夠做到。」此後，柳井正開始大張旗鼓對 Uniqlo 的產業鏈執行「SPA 模式」的改造。在既有模式的基礎上，柳井正又加進去一些自己的思想。他說：「做生意沒有國界之分，製造和銷售更不應該分界。」

因此，當柳井正決定向「Giordano」學習的時候，Uniqlo 便有了另一個名號—日版「Giordano」。

當 Uniqlo 把自身產業鏈的觸角伸向生產環節時，降低經營成本便是隨之而來的事情。正是因為其零售商的角色，才在很大程度上避免了因為誤讀市場而帶來的風險和損失。Uniqlo 的做法可以簡單概括為以下幾條：

(1) 對新潮服裝採用垂直整合的生產，但只局限在小批量之內。由此可以避免因為對潮流的把控不準而造成的決策失誤。

(2) 把最能夠引領潮流或者是符合潮流的部分外包給最接近市場的供應商，從而可以保證產品符合大眾的審美，而不是一些服裝設計師的孤芳自賞。

(3) 如果不是新潮款式，那麼就在價格上做到最底線。Uniqlo 把這一類的服裝交給了亞洲鄰國生產，遍尋廉價的生產廠商。此舉是在毫無風險的前提下，做到最大程度的節流。

(4) 而 Uniqlo 本身所擁有的工廠則實行高度的自動化和專業化，盡量走資本密集型和技術密集型的道路，避免和亞洲鄰國的勞動密集型產業相重合，從而避免資本的浪費。

柳井正在不斷帶領 Uniqlo 發展壯大的過程中，也正是沿著這條道路一直走下去。從自己嘗試著生產服裝，到把生產環節交給廠商生產，以及之後從日本挑選出一些老技師出國來技術指導，這一過程始終都是在踐行著「SPA 模式」的正確性。

可以說，「SPA 模式」是在傳統「水平整合」和「垂直整合」的基礎上創新而成的一種新商業模式。對消費者需求的分析，從根本上決定了整個產業鏈的整合力度，之後再透過處於關鍵位置的迅銷公司的掌控，從設計、生產、物流到銷售，各個方面都提高了營運效率。因此，在一定程度上可以把「SPA 模式」理解成為：不是讓公司擁有了更多的利潤，而是讓整個環節有了更多的預算。

經過反覆摸索之後，柳井正也找到了真正屬於 Uniqlo 的「SPA 模式」。他摒棄了代理商、經銷商等多個中間環節，Uniqlo 決定大刀闊斧開始實行低成本經營。

◈「ABC 改革」掀起新高潮◈

直至一九九四年上市之前，Uniqlo 所有的改革方式都是成功的。然而，在一九九五年之後，傳統的「SPA 模式」和 Uniqlo 的業務流程之間的矛盾開始凸顯。Uniqlo 的業績出現下滑，柳井正於是開始對這一經營模式再一次升級改造。

在新一輪的改革過程中，柳井正創造性提出了「ABC 改革」，即「ALL、BETTER、CHANGE」。從而，在 Uniqlo 中，店鋪的位置變得至關重要。

Uniqlo 開始推進「ABC 改革」，將店鋪營運模式轉變成為「重視單店應對、積極主動」的店鋪營運新模式。在這一模式下，各個銷售店鋪被賦予了充分的自主權，只要能夠產生收益，就是迅銷公司該年度最耀眼的明星。

這次改革，不同於把 Uniqlo 從傳統的經營模式中解放出來，進而變成「SPA 模式」。「ABC 改革」著重於 Uniqlo 自身效率的提高和利潤的增加，雖然和第一次改革有著同樣的目的，但是這一次，卻更加具有顛覆性。柳井正具體從以下四個方面對 Uniqlo 的經營方式做了改革：

(1) 在產品庫存上，充分保證經營期中暢銷產品的供應。並且保證，在每一個營業期間，不減價，不處理存貨。這看似是一種價格壟斷的行為，實則切實避免了消費者對 Uniqlo 產品的價格產生不信任感。

同時，柳井正還提出，盡量將商品可選擇的數量維持到兩百種左右，並且還要不斷增加同款商品的不同顏色和不同尺碼，以滿足消費者的不同需求。

這一條措施，首先是要讓消費者對Uniqlo產生信賴感，其次還要讓消費者覺得Uniqlo能夠充分滿足自己的需求，進一步加強之前因為價格措施而堅定下來的對Uniqlo的忠誠度。

(2) 在經營者上，柳井正更加注重店長的作用。所謂店長，本是一店之長，但他更是直接和形形色色的消費者相接觸的資訊源頭。培養起一個明星店長，對Uniqlo的發展至關重要。店長不僅要會打理店面，更要能夠分析POS資訊，並且懂得如何把各種資料用電腦軟體剖析，進而形成比較直觀的圖形圖像以供決策者作為參考依據。

這條措施證明了柳井正真正明白誰才是Uniqlo中最重要的人。不是高層管理者，也不是他自己，而是無數個工作在最基層的店長們。Uniqlo這座「高樓」，也正是由這樣的一磚一瓦蓋起來的。

柳井正在店長之中實行「SUPERSTAR」制度，一方面體現出了Uniqlo對基層人才的重視；另一方面也強化了店長和Uniqlo長期合作的資訊，尤其是對於加盟店來說，這一決策有著不可估量的鼓勵作用。

(3) 在管理上，柳井正充分調動了Uniqlo在「SPA模式」中的核心地位。每個月，迅銷公司的總部都會把下個月要上架的衣服的款式用圖表軟體發給各個店長。每一季的服裝一般情況下會有兩百款左右，分為五種不同的尺寸，十種不一樣的顏色。總共有一萬條資訊需要店長在每月（甚至是每週）根據自己對市場和消費者的判斷做出修改，然後再把意見回饋給總部。

根據這些回來的資訊，總部再做相應的計畫調整，最後確立整個生產、配送和銷售計畫。這一個過程，幾乎把 Uniqlo 新品上市的所有流程都囊括在內了。由此可以確保 Uniqlo 每一款新品上市都不是設計師閉門造車，只有符合顧客需求的產品，才是真正有價值的商品。

(4) 在所有流程的最後，柳井正還建立起了一套評價體系。根據各個分店的毛利潤、毛利率、庫存率、利潤率等一系列指標，算出每個店應該得到的獎金額度。

不同店長之間的年收入差可以有兩倍之大。而且，有時候店長的收入還要比高層管理者的收入高出很多。雖然這樣的方法是反傳統的，但它卻是全面調動起店長積極性的最有效方法，這一制度的實行促進了 Uniqlo 的快速騰飛。

「ABC 計畫」改革的成效遠遠比預想的效果要好。到一九九九年八月，Uniqlo 店鋪的數量上升到了三百六十八家。「ABC計畫」實行兩年之後，柳井正又稍稍調整了一下計畫的細節，從而避免了一些易犯的錯誤。例如，在給店長充分自主權的時候，難免會有一些店長不知道該怎麼做。但市場是檢驗人才的唯一試金石，能夠從這一過程中走出來的人，日後也必定會成為Uniqlo的頂梁柱。

◈低價格＝高品質，傳奇並非神話◈

從Uniqlo的第一家店開張的那天起，柳井正就堅定了一個信念：將低價進行到底。眾所周知，低價位只能說明產品生產所消耗的成本低，也就等於說不論是原料、縫製、染色，還是設計、裁剪、款式，可能方方面面都比不上高價位產品的品質。便宜沒好貨，成為人們心中早已經習慣的概念。

但Uniqlo偏偏反其道而行之。廣島店開業當天的盛況，是許多人之前沒有料想到的。這恰恰說明一點，價格是吸引消費者進商場的最有力的噱頭。因此，Uniqlo把產品的價位定得低一些，對消費者的吸引力就更多一些。但價格卻並不是唯一的因素。據調查，在日本國內，平均三個人之中就有兩個人擁有 Uniqlo 的服裝。擁有這麼廣大的群眾基礎，Uniqlo 品牌忠誠度絕對不是僅僅靠低價來維繫的。

真正能夠拴住回頭客的只有一點──品質。

而柳井正恰恰使 Uniqlo 做到了更不可思議的一點──低價格＝高品質。Uniqlo 徹底打破了人們固有的觀念，同時也引領起一股產業界的風潮。在「SPA 模式」中，柳井正已經做到了透過提高各方面的效率來降低預算的任務，預算降低了，只要保住收益額，完全可以把商品的價格降下來。對柳井正恪守的「便宜才是王道」，只有「SPA 模式」才是唯一的解決途徑。

日本自由財經記者川島辛太郎在《為何只有 Uniqlo 大賣》一書中提道：「所謂『SPA 模式』，就是自家商品從企劃、生產、物流到銷售等各個階段全部由自家公司一手包辦。」柳井正自己也提道：「透過 SPA，在找到『狂銷熱賣』的商品前，可以在自家公司裡不斷重複『企劃、生產、銷售』的階段。」

按照傳統的模式來走，一件商品是否暢銷，需要真正放到市場上去檢驗。而在「SPA 模式」中，一件商品可以在公司內部透過不斷重複從企劃到銷售的不同步驟，直到找到最合理的生產經營模式，之後再進行大規模的生產。這樣一來，新上市的產品就不用再去擔負那麼大的風險了，即便是在生產之前重複了多遍從企劃到銷售的路，但因為是公司內部的行為，其所消耗的代價完全可以忽略不計。在傳統的經營模式中，一旦產品上市，成敗便在此一舉。並且只有產品上市之後，才能知道是成還是敗。

而在「SPA 模式」中，一旦發現了某件新產品銷售量不如預期，在迅銷公司總部的指揮下就可以馬上停止生產。而傳統的模式卻要涉及諸如合約、地區、政治等多種不可量的因素，時效性自然就差了許多。

一方面，透過 SPA 經營，迅銷公司完全掌控了產品生產線。在服裝業，產品的毛利率較高，而一旦掌握了生產線，就極大減少了製造鏈的損失和浪費，自然也就能夠把產品的生產成本降低下來。想要實現低價商品的願望，也不再是神話。

另一方面，基於日本是島國的原因，其國內原料的價格要遠遠高於東南亞地區的其他國家。並且，日本的人力資源成本也相對較高。在 Uniqlo 逐漸國際化的過程中，柳井正開始跨出國門去尋找新的適合原材料生產加工的地方。

因為中國是知名的世界工廠，同時又是棉紡織業大國，因此在這裡設置 Uniqlo 產品的生產基地再合適不過了，於是 Uniqlo 開始了在中國扎根發展的旅程。

這一番運作下來，生產成本確實降下來不少。但在中國地區生產的產品品質有時候並沒有保證，無奈之下，柳井正千思百慮後啟動了「匠計畫」。他先後派出多名日本的技工常駐中國，指導生產製造的過程，這一計畫也正是保證 Uniqlo 產品品質最有力的壁壘。

Uniqlo 憑藉著「SPA 模式」，終於完成了低價高質的神話。

可是，即便經過千百次的檢驗，也難保上市的服裝一定會得到消費者的青睞。如果遭遇了銷售滑鐵盧，當季的營業額就會受到重創，由此還有可能為企業形象帶來負面影響。

「SPA 模式」終歸是一把雙刃劍。即使柳井正已經是一名商戰中的老手，也要時時掂量著自己決策的重量。一旦馬失前蹄，便有可能永無翻身之日。

◈全世界每一個人都是顧客◈

年輕的柳井正從父親手裡接管了家族的西裝店之後，他所帶來的第一個改變就是要讓這家傳統老店徹底轉型。從西裝店到休閒服飾，這樣的變化確實有些大，但柳井正始終堅守一點—只賣符合顧客需求的商品。

顧客是上帝，這樣的陳詞濫調或許不足以改變上一輩人的思想。但經營傳統西裝的弊端，也日漸顯露。原先以定製西裝為主要生意的小郡商事株式會社，雖然每一次的成功交易背後都有著不菲的利潤，但是一年之內所能達到的成功交易量是有限的，所以想要在老路上讓家族產業迅速發展起來有著太多的不現實之處。

而反觀休閒服裝市場，這和傳統西裝的經營模式完全不同。對於休閒服裝來說，每一個顧客都可以盡情挑選自己喜歡的款式，甚至一個人一次性會購買多件衣服。此時的柳井正或許還沒有進軍國際市場的夢想，但每一個進店購物的消費者都應該是指導自己前進方向的明燈。看準時機後，柳井正終於做出了改變公司經營方向的決定。

無疑，廣島店的成功具有極大的啟示作用。而 Uniqlo 的員工在第一家店開業時的所作所為，也贏得了更多的人心。柳井正的野心在於，他不滿足於生產和銷售既有的款式，也不滿足於保持和維繫既有的消費群體。在他的概念中，全世界的每一個人都應該是 Uniqlo 的顧客。在這麼多人的眼中，自然會產生千差萬別的需求。那麼 Uniqlo 需要做的，就是盡最大的努力去滿足顧客的需求。

這一宏偉目標的設定，決定著 Uniqlo 能夠在國際化的路上到底能走多遠。

其實，柳井正抓住了一條最簡單也最有效的商業法則—物美價廉的東西永遠都是最受歡迎的。並且，他還巧妙把物美價廉的東西製作成了符合顧客需求和審美的樣式。由此一來，在席捲全球的金融危機面前，在別家的公司紛紛收縮戰線時，柳井正帶領著 Uniqlo 卻在發力拓展著世界版圖。

很顯然，日本這個舞台對他和 Uniqlo 來說，都顯得過於狹小。

二〇〇九年和二〇一〇年，柳井正蟬聯《富比士》「日本富豪排行榜」的榜首。一個兢兢業業的賣衣人，其背後成功的訣竅就在於不斷進取。這個成功的祕訣被 Uniqlo 的起起伏伏一次次證明著，其生命力的強大根源於柳井正敢於放眼世界的勇氣，以及 Uniqlo 把每一個人都當成顧客，把每一個顧客都當成上帝的信條。

所以，當 Uniqlo 開始向日本國土以外的地方張望的時候，倫敦、紐約、巴黎和上海等地紛紛成為柳井正心中的新地標。特別是在經濟危機之後，這些世界經濟中心迫切期望能夠有一個可以有效拉動本地經濟增長的企業進駐，Uniqlo 的國際化顯得恰逢其時。

同時，柳井正還注意到一點，科技的發展已經一日千里，想要把 Uniqlo 帶到一個新的高度，便離不開科技力的推動。

當新世紀的第一個十年過去後，Uniqlo 也進入了全新的電子商務時代，網路店鋪和實體店鋪相輔相成，共同為柳井正打造著全球化的藍圖。

同時，網路上的如火如荼，也帶動了 Uniqlo 實體店的銷售。

對當今的 Uniqlo 來說，如果再僅僅把自己限於日本品牌的概念中，顯然已經落伍。全世界每一個人都是顧客，Uniqlo 不是柳井正的 Uniqlo，它應該屬於每一位顧客，屬於散落在世界各地的每一位消費者。

◈與頂級品牌為鄰◈

既然定下了國際化的野心，在享有因為國際化而帶來的各種利益的時候，還要承擔因此而帶來的競爭和風險。國際舞台與日本國內的競爭有著明顯的不同，最直觀表現出來的一點就是競爭對手的競爭力。

在日本國內，Uniqlo 已經毫無疑問成為了服裝界的老大，但是在國際市場上，當柳井正剛剛萌生進軍全球市場的念頭時，他們都還只是一個學生的角色。柳井正貼在公司牆上的一句口號是

「改變服裝、改變常識、改變世界」，對他來說，三個「改變」將會徹底轉變 Uniqlo 的經營模式和管理方式。

首先擺在柳井正面前的一個難題是，想要進軍國際市場，首先要懂得師法眾長。服裝零售業本就起源於歐美地區，而柳井正始創 Uniqlo 的靈感也來自美國，可是難免會遇到各種難題。但好在困難並不像當初預想的那般難以解決，當 Uniqlo 的招牌樹立在英國最繁華的牛津街、法國斯克里布街和紐約百老匯對面的時尚中心的時候，Uniqlo 也開始了和世界頂級品牌相鄰的日子。

從二〇〇一年開始，Uniqlo 開始了其近乎野蠻的全球擴張計畫。柳井正信誓旦旦對員工說，Uniqlo 要做服裝零售行業的老大，他們最主要的目標和競爭對手是 H&M 和 ZARA。

但 H&M 和 ZARA 這兩個品牌誰都不是紙老虎。

H&M 是瑞典的老品牌，誕生於一九四七年，其全球知名度遠遠高於 Uniqlo。並且，美國第一位黑人總統歐巴馬的妻子最喜歡的品牌就是 H&M，H&M 當然不會放過這個「軟廣告」。

如今，H&M 在全世界擁有一千五百多家專賣店銷售服裝、配飾與化妝品，雇員總數超過五萬人。不尋常的是，H&M 沒有一家屬於自己的工廠，它與在亞洲和歐洲的超過七百家獨立供應商保持著合作關係。以銷售量為衡量標準，H&M 是歐洲最大的服飾零售商。想要進軍歐洲市場，H&M 即是最大的敵人，同時也是 Uniqlo 應該虛心學習的榜樣。

H&M 之所以能橫掃歐洲街頭，得力於公司兼顧流行、品質及價格的「三叉戟」哲學，以及積極擴張的政策。

在價格上，為了降低生產成本，H&M 根本就不設立自己的工廠。這看似和「SPA 模式」相背離，但 H&M 卻把自己所有的製造工作外包給了九百家工廠。因為要極力控制好生產成本，因此公司選擇的這些工廠全都在勞動力成本最低的國家。由於成本控制得當，雖然產品的售價並不高，但 H&M 的毛利仍可以維繫在百分之五十三的高水準線。H&M 還同時保證了每一件衣服的品質都有著絕對的保證。

同時，H&M 公司每天都以國家及店面為單位，分別分析每款衣服的銷售成績，清楚掌握哪些產品熱賣之後便會需要立刻增加生產，從而讓貨品供應更順暢。在一站式的購物環境中，你很難在 H&M 找到上一季的庫存貨品。H&M 對流行的掌握度，成為其吸引消費者最大的噱頭。

在價格、品質、流行「三叉戟」的推動下，H&M 又請來了明星代言助陣，其在全球的恢弘氣勢一時無兩。想要打敗 H&M，Uniqlo 必須找到自身與其不同的訴求點，才能在競爭激烈的服裝業尋得前進的空隙。

而ZARA也是源於歐洲的老品牌，其誕生於西班牙，在全球七十多個國家中有超過千家的零售店。和H&M不同的是，ZARA店鋪中的百分之九十都是自營。並且，ZARA從來不把生產的任務轉交到別的國家手中，ZARA所有的服裝都是在西班牙生產，進而運送到世界各地。

讓人更感覺不可思議的事情是，ZARA幾乎從來不做廣告，但它卻依舊牢牢霸占著服裝業世界前三的位置。

實際上，ZARA的獨特經營方式，也正是它的成功之道。在ZARA的供應鏈系統中，有著更多令人吃驚的資料。ZARA的服裝，從設計到上市銷售，最短的時間僅僅需要一週。而同樣一個過程，其他世界知名品牌卻需要四個月的時間。由此，這就決定了ZARA對流行的把控度和自身經營的靈活性。並且ZARA在一年之中，平均會推出一萬兩千種新款服裝，每一款服裝的生產量都不會太大，這既保證了不會產生庫存的舊貨，又能夠給顧客最大的選擇自由度。

所以，面對ZARA的強大實力，很多知名服裝產業的老總紛紛表示，ZARA的厲害之處是學不來的，即便想模仿，也永遠模仿不出ZARA的皮毛。

由於ZARA的服裝是限量生產，其分配到各個店鋪中的數量也就只剩下一兩件，即便賣完了也從來不補充貨源。透過這種「製造短缺」的方式，ZARA籠絡住了一大批忠實粉絲的心。

一般分析 ZARA 成功的原因可以概括為：顧客導向，垂直整合，高效的組織管理，強調生產的速度和靈活性，不做廣告不打折的獨特行銷和價格策略等。

可以說，ZARA 的經營模式完全是歐洲傳統的貴族模式，而 H&M 卻充分運用了資本全球化的優勢。想要趕超這兩大巨頭，並不是容易的事情，日本知名財經雜誌《鑽石週刊》提出：「Uniqlo 在營業利潤的增長上比不上 ZARA 和 H&M 的原因在於：一是 Uniqlo 進軍海外市場的時候花費的成本太高，二是 Uniqlo 在經濟規模上絕對處於劣勢。」

柳井正在接受採訪的時候，卻也鮮明的提出了 Uniqlo 的競爭優勢所在，他說：「與 ZARA 和 H&M 相比，Uniqlo 的特長完全不同。如果 Uniqlo 跟隨著他們的腳步前進，永遠都不會占上風。」言語之間，其對國際化和未來的構想早已成竹於胸。

但與世界頂級品牌為鄰，Uniqlo 可以從其身上學到的東西，也都具備足夠的警示意義。其實，面對 ZARA 和 H&M，Uniqlo 完全不必驚慌，正像柳井正的態度一樣，要秉持「三人行必有我師」的態度，畢竟在國際舞台上 Uniqlo 還只是個孩子。縱然暫時缺乏足夠的實戰經驗，卻有著無限的可能性。

◇品牌蘊涵人的性格◇

每一個品牌，都必須有著與眾不同的特性，才能長盛不衰。ZARA和H&M各有特性，Uniqlo想要突破兩者的包圍，自然也不能在服裝品牌上占了下風。柳井正親口說，自己的品牌既然不能夠走ZARA和H&M的路，那麼很明顯，擺在Uniqlo前面的道路只有兩條，一條是選擇後退固守日本市場，另一條是冒死拚搏殺出一條獨屬於Uniqlo的道路來。

這是一個毫無爭議的問題，Uniqlo自然是選擇了第二條。

柳井正在接受美國有線電視新聞網（CNN）節目訪談的時候談道：「Uniqlo沒有任何典型的消費群體，我們的目標，就是把衣服賣給各式各樣的人。」把Uniqlo品牌的特性，真正融入在穿過Uniqlo的每一個消費者的切身體驗中。

品牌蘊涵人的性格，什麼樣的人挑選什麼樣的衣服。在Uniqlo賣場裡，消費者更能夠深深體會到這一點：

第一，Uniqlo把所有的顧客同等看待，不分男女，不分老幼。正是因為對男性消費者的尊重，才沒有讓Uniqlo變成專營女裝的店鋪，因此也就有了更大的市場。

任何去過賣場買衣服的男人都有這樣的體驗，當陪妻子走進賣場的時候，眼花繚亂的顏色和款式全是女裝，男裝往往被擠到不起眼的小角落，甚至連款式和色彩都是近些年一成不變的。對男士們來說，陪妻子逛街幾乎成了一種煎熬。但是在 Uniqlo，這根本就是一個不存在的問題。

走進 Uniqlo 可以看到，男裝女裝涇渭分明的分開，根本就不存在誰輕誰重的問題。一圈轉下來，男士所買的衣服甚至比女士還要多。

在作為休閒服裝賣場的 Uniqlo，卻常常可以看見上了年紀的老人步履蹣跚的在專心選購。他們不是在為兒孫挑選衣物，而是為他們自己選擇喜好的款式。這也正是 Uniqlo 的服務理念，顧客沒有限制，老人也是他們的消費者，所以當然也要滿足老人的購物需求。

對 Uniqlo 來說，顧客的需求就是生命。對前來購物的人來說，購買了 Uniqlo，就等於購買了一份尊重。Uniqlo 作為日本的國民品牌，從穿著 Uniqlo 服裝的人的性別、年齡等特徵上就可以看出 Uniqlo 的品牌力量。

第二，Uniqlo 有一個弊端，但恰是這個弊端，使其和 ZARA「製造短缺」的方式如出一轍。

在 Uniqlo，如果你去的時間不對，或者去的店鋪並不是品類齊全的店，就很有可能買不到你在廣告上看中的款式。如果需要店員幫著調換，很有可能需要從城市的一端跑到另一端。這樣一來，對 Uniqlo 的忠實粉絲來說，一旦有新款上市，必定會掀起一次搶購的風潮。但對於一般的購物者來說，難免存在一絲遺憾。

然而，網路的發展恰好彌補了 Uniqlo 這一弊端。因為網路的便捷性，只要物流能夠抵達的地方，就不存在因為店面的差別而造成貨架上的產品不一致的問題。

對 Uniqlo 來說，害怕的不是產生問題，而是缺乏去彌補錯誤的措施。柳井正很好的避免了這一點，所以 Uniqlo 才能有日漸擴展的市場疆域。

第三，把衣服做得大眾化，並不等於失去了時尚前衛的設計感。Uniqlo 在發展的過程中，一直堅持著和不同品牌的設計師合作，從而創造出具有兩個不同品牌相融合概念的服裝款式，甚至兒童在 Uniqlo 的店鋪中還能看到印有米奇老鼠的服裝。針對不同的人和不同的品牌展開合作，才是 Uniqlo 一直能夠對消費者保持足夠吸引力的原因。

同時，再加上 Uniqlo 一直保持著低價高質的優良傳統，其真正做到了讓消費者感覺「真的好穿而且真的不貴」的購物體驗。

不能忽視的一點是，在 Uniqlo 買的衣服，你總是很難在上面找到 Uniqlo 的標籤。如此低調行事，恰恰又是 Uniqlo 的另一品牌特性。雖然柳井正在企劃著 Uniqlo 進軍國際市場的藍圖，但

Uniqlo 品牌本身的低調態度卻一直沒有改變。也正是因為這一點，才能使得「百搭」的概念得以流行起來。只需要一件 Uniqlo 的衣服，就可以搭配任何你喜歡的其他服飾。

不和其他的品牌產生正面衝突，用大肚能容之態盡最大可能性保證消費者的購物穿衣喜好，這也正是 Uniqlo 品牌的中庸之道！

◈顧客最有發言權◈

Uniqlo 品牌中蘊涵的性格，可以簡單概括為尊重顧客的一切。任何顧客進店購物，其選擇的不是 Uniqlo 的服裝，而是自己的興趣和愛好。Uniqlo 懂得，儘管自身也是一個服裝品牌，但衣服只有穿在了人身上才有價值。所以，Uniqlo 的品牌價值在於為顧客服務，不同的顧客穿上 Uniqlo 都不會因此而泯滅自身的個性。這恰恰是最偉大之處。

所以對 Uniqlo 將要生產什麼款式的服裝，顧客最有發言權。

在日本，有一個詞叫「水物」。這個詞經常被用來形容服裝的銷售，其意思是說服裝業像是水一樣讓人難以捉摸。衣服能不能夠大賣，上市之前沒有人能知道。儘管柳井正一直堅持的

「SPA 模式」能夠在很大程度上降低這種風險，但「SPA 模式」並不是十全十美的，好在迅銷公司從始至終都是整個模式中的絕對主宰，所以可以繼續採用低價銷售的模式。

因為 Uniqlo 販賣的是休閒服飾，當被問及什麼才算是休閒服飾的時候，柳井正回答說：「我們設計的衣服，是為了配合形形色色的人。只有在日常生活中穿得舒適，不管是男女老少都能夠輕鬆穿出門的，才算是休閒服飾。在這種定義下的衣服，就像可樂、啤酒或是咖啡，和其他的消費性商品沒什麼兩樣。」隨著 Uniqlo 全球化的進程日益加快，柳井正又把自己對休閒服裝的定義做了細微修正。他說：「服裝不是什麼特別的商品，卻應該是優秀的工業製品。」

兩次對休閒服裝下的定義，卻有兩層不一樣的意義。

對於第一次的定義來說，柳井正的思想還停留在服裝設計、生產是為顧客服務的層次上。只要穿著衣服的人感到滿意，就是對 Uniqlo 工作的最大認可。此時，顧客處於產業鏈的最終端，衣服一旦穿在了消費者的身上，就完成了其最終使命。

而第二次定義，卻更上了一層樓。衣服不是什麼特別的商品，在柳井正看來，衣服只是一個工業生產線上生產出來的產品而已。這說明，Uniqlo 對顧客的需求瞭若指掌，只需要開動機器大批量生產就可以了。同時，在這句話的背後，恰恰說明衣服並不是設計師手中的樣稿，它應該是真正穿在消費者身上的實實在在的物品。好穿不好穿，顧客說了算；穿什麼樣的衣服，也是顧客說了算。

對於這一階段的Uniqlo來說，顧客不再是整個產業鏈的最後，其身分變成了服裝設計和生產製造的參與者。顧客最有發言權，想要滿足顧客的需求，就先要徵求顧客的意見。

在「SPA模式」中，最關鍵的一點在於要隨時掌握第一線的消息。顧客恰恰就是消息的來源，把顧客整合到整個模式中，是Uniqlo在發展的過程中不知不覺實現的事情。

為了成功操作「SPA模式」，柳井正在東京、紐約、巴黎和米蘭等地設立了Uniqlo的研發中心，主要收集這些時尚之都的消費者們傳遞過來的資訊。然後再透過公司的整合，總結出當季的流行趨勢，根據消費者的不同特性、生活方式和文化差異，設計出不同款式的新服飾。

當Uniqlo一步步成長為日本國內成功應用「SPA模式」的典範時，Uniqlo已經又朝著柳井正心中的理想模式邁進了一步。這一步最大的推動力，正是源於Uniqlo一直熱心服務的對象─全世界的消費者。

第二章 創新者最好的習慣是思考

◈帥酷 LOGO 獨一無二◈

企業的 LOGO 並不只是為了讓顧客記住該公司的形象，透過這一特殊的標誌，企業往往還希望傳達出更多的內容。

作為現代經濟產物的 LOGO，起源於希臘語 Logos，有「理念」的意思。不同於古代的商鋪印記，現代 LOGO 還承載著企業的無形資產，是把和一家企業有關的綜合資訊傳遞給消費者的有效媒介。同時，一個標誌，還是企業在形象傳遞過程中被應用最廣泛、出現頻率最高，同時也是最關鍵的要素。一家企業的整體實力、完善的管理機制、優質的產品和服務，都被涵蓋於標誌中，透過不斷的刺激和反覆刻畫，深深留在受眾心中。

柳井正當然明白這一點，所以在 Uniqlo 標誌的選擇上他必須絞盡腦汁，才能求得與眾不同並且直抵人心。

Uniqlo 全稱是「Unique Clothing Warehouse」，其本身的意思是指「獨一無二的服飾倉庫」。柳井正說，他希望藉這個名號來讓自己開設的店鋪真正變成「像翻閱週刊般，用自助服務購買評價休閒服飾的店」。這又恰好是 Uniqlo 本身的經營理念，在 Uniqlo 的社名和標誌中囊括了其最主要的訴求點─衣．飾．自由。

Uniqlo 在最開始的時候，提出的口號就是「自由、民主」。然而對於一個以休閒服飾為主要賣點的店鋪來說，這樣的口號未免顯得過於嚴肅。此後，柳井正和日本著名的「快刀手」佐藤可士和先生多次商談後，他們一起為 Uniqlo 勾勒出一個長遠的未來。佐藤認為，Uniqlo 需要具備「美學意識的超合理性」。簡言之，Uniqlo 所售賣的產品不僅要式樣美觀，還要具備高性價比。

「我希望能夠強力傳達出這個足以傲視全球的特徵。」佐藤說。因此，他便開始對 Uniqlo 的標誌大刀闊斧的改革。佐藤換掉了 Uniqlo 所有的舊 LOGO，他把底色從暗紅色變成了純紅，字體僅僅只保留了骨架。並且，他還為 Uniqlo 設計了日文版的片假名。儘管有人提出佐藤的做法根本沒有考慮到海外的消費者，但柳井正卻十分支持佐藤的這一做法，他說：「就算外國人看不懂，這個設計也能夠顯出 Uniqlo 的本質，我相信它一定能夠在海外釋放出強烈的魄力。」

新的 LOGO 第一次出現在海外市場，是二〇〇六年十一月紐約旗艦店開張的時候，當時的美國媒體稱他們從這個 LOGO 上看到了日本國旗的形象，以及「前所未有」的張揚。

這也正好是佐藤想要達到的效果。

Uniqlo 的做法，徹底改變了日本企業在歐美市場一貫的低調作風，紐約店在開張的時候，還打出了「From Tokyo to New York」的口號，柳井正就是要大張旗鼓告訴美國人 Uniqlo 是從日本來的。

紐約旗艦店一舉走紅，海外市場從此也開始轉向。

之後，佐藤馬上又為迅銷公司設計了一款新的企業識別標誌。這款標誌整體上是一塊割成三塊的純紅色的倒三角，柳井正很滿意這個設計，他覺得 Uniqlo 所蘊涵的「向上爬升」、「尖銳」的感覺都被體現出來了。

從 LOGO 的改變，再到整個公司標誌的設計，柳井正和佐藤開創了 Uniqlo 的全新形象。對 Uniqlo 來說，不斷思考無疑是最好的習慣。只要是能夠正確傳達出經營理念的方式，相信柳井正始終都願意帶著 Uniqlo 去進行新的嘗試。

◇紅色旋風席捲全球◇

Uniqlo 的新 LOGO 始於美國旗艦店的開張，這也標誌著 Uniqlo 開始以一個全新的面貌走進國際市場。當佐藤設計的 Uniqlo 的新標誌面世之後，一股紅色旋風開始出現席捲全球之勢。

而在柳井正進入家族經營的小郡商事第十二個年頭的時候，他也開始尋求變革。他說：「就像挖到金礦一樣的感覺，比好還要更好。」不斷精益求精的柳井正提出了「Unique Clothing Warehouse」的理念，為了這個新的經營模式，他找到了設計公司為自己設計出一個既能夠傳達出公司的理念同時又能夠讓人印象深刻的標誌，從而讓人們更好理解 Uniqlo 這一拗口的英文經營理念的內涵。

設計師巧妙在兩個單字之間加上了一個間隔號，這一長串的英文字母就變成了「UNI·CLO」，其意思是要用間隔號來區分「Unique」和「Clothing」。然而，在幾年之後，因為一個小意外，當初的「UNI·CLO」變成了現如今的「UNIQLO」。

一九八八年，柳井正來到自由貿易的港口—香港，他本想要在這裡註冊成立香港分公司。但因為註冊時對方錯把「UNI·CLO」中的「C」寫成了「Q」，「UNI·CLO」就變成了「UNI·QLO」。這個意外，讓柳井正感到大為驚喜。他順手把LOGO中的間隔號也去掉了，這樣一來，Uniqlo的幾個英文字母看起來清爽了不少。將錯就錯，整個日本的Uniqlo店鋪也全都換上了新的標誌形象。

在設計新LOGO的時候，柳井正為了找到一個「志同道合」的設計師，可謂是煞費苦心。佐藤可士和在日本有著「創造營利設計魔術師」的美稱，並且他還曾經為SMAP、明治大學、麒麟啤酒等知名的企業做過設計工作，柳井正看中的是佐藤以極致的嚴謹、高效率和精確完成客戶要求的行事風格。而佐藤主張進行「思考模式的實體化探索」的設計方式，也有別於日本國內其他設計師，這在設計工作中不斷激發著佐藤的靈感。

佐藤曾經說：「創意總監＝醫生，設計＝處方。」在他的設計理念中，設計工作就像是病人到醫院去看病一樣，客戶就是病人，設計師就是醫生。醫生需要根據病人的具體病情見症下藥，設計師則要在客戶提出自己的要求之後利用一切有可能的設計手法和設計概念來解決問題。客戶第一性的方式，讓柳井正首先覺得自己受到了尊重，當他把Uniqlo的設計重任交到佐藤手中時，也自然會放下不必要的擔心。

在接下了 Uniqlo 交給的任務之後，佐藤需要做的第一件事情就是重新去規劃 Uniqlo 的 LOGO。Uniqlo 在日本已經具備相當的知名度，但是因為不但要考慮到日本顧客的購物習慣，還要向海外市場展現出 Uniqlo 作為一個全新的跨國企業所具備的軟實力。佐藤在思考 Uniqlo 新的 LOGO 時還發現一個意外的祕密，原來 Uniqlo 的「UNIQLO」幾個字母並不是一成不變的，除了在香港的那一次意外改變之外，Uniqlo 標誌的底色從創業時的酒紅色變成了當時的胭脂紅，幾個字母的字體也變得比原先纖細不少。柳井正把這解釋為「一切都是在不知不覺中發生的改變」。

不管是出於什麼樣的原因，UniqloLOGO 的改變，也就意味著從開始直至當下，其隨著時代的變遷也在逐漸改變。佐藤表示，想要讓 Uniqlo 從東京走向全世界，就要讓 Uniqlo 打上深深的日本烙印。只有民族的，才是世界的。他甚至不去理會其他民族會不會因為歷史原因而對日本產生的憎恨情緒。

直到 Uniqlo 的新標誌新鮮出爐，佐藤也一直堅持著自己的想法。他保留了原 LOGO 四方形的造型，卻把底色變成了另一種紅色。佐藤解釋說，這是日本國旗的顏色，目的就是讓全世界都知道 Uniqlo 是日本成衣界的代表，這更可以彰顯 Uniqlo 的存在價值。

並且，新 LOGO 的字體也變得更細，讓人從視覺上感覺到更加洗練和現代化。在 33：20

的長方形 LOGO 中，用占據更寬比例的方式來表達 UNIQLO 的自信。如果不仔細看，或許並不能看出新標誌有哪些特別之處。但是在潛意識中，大家普遍認為新 LOGO 更具時尚感，而「UNIQLO＝便宜貨」的負面評價也隨著新標誌的面世逐漸得到轉變。

為了彰顯 Uniqlo 的日本風，佐藤可士和還做出了一個純日文的片假名「ユニクロ」。當這一切新鮮的改變都在紐約首先面世的時候，美國人的第一感覺就是「酷」。尤其是把日文片假名「ユニクロ」和 Uniqlo 的英文標誌「UNIQLO」放在一起的時候，讓人更感覺到一種頑童的心態。柳井正說，時尚和流行是 Uniqlo 的宗旨，這讓我們看起來不那麼刻板。

透過這些設計，Uniqlo 開始了全新的征戰全球的道路。佐藤可士和無疑是 Uniqlo 全球化的最有力推手之一，帶有紅色標誌的 Uniqlo 旋風從東京刮到了紐約，進而便出現在世界各個國家的 Uniqlo 店鋪中。

◆合理主義中的美學◆

Uniqlo 和佐藤可士和的合作，完全呈現出了1＋1＞2的效果。除去眾所周知的 LOGO 設計，佐藤還為 Uniqlo 貢獻出了獨特的設計美學。

他自己說：「透過整理曖昧不明的情況，才能更深入問題的核心，找出新的價值觀。接著才能利用設計，解決客戶的課題並且傳達新價值觀。」言語之中，明確傳達出了佐藤獨有的整理術。

佐藤初與 Uniqlo 合作的時候，Uniqlo 還算是一個相對年輕的企業。在調研之後，佐藤總結出 Uniqlo 未來成功的模式——「合理主義中呈現的美學」。

在得到授權後，佐藤開始為 Uniqlo 做減法。Uniqlo 的主營範圍是休閒服飾，對成衣的要求是單純明快。Uniqlo 要做的是宣導流行和時尚，從而激發出每一個穿衣者本身的個人魅力。服裝只是穿衣者的配件，只有當其真正的個性和魅力被激發出來的時候，才是實現衣服價值的時候。

「掌握對象事物的本質，再加以強化、研磨，而不是在事物本質上，添加其他多餘的想法。利用加減法，來讓事物的本質更加純真、自然。」佐藤這樣闡釋自己的設計理念。而這段話的含義，最真實的表現在 Uniqlo 的「罐裝 T 恤」上。這也正是在佐藤和 Uniqlo 品牌合作的過程中，最讓人印象深刻的作品。

旗艦店的設計，所需要傳達出來的東西很多，因此對於 Uniqlo 和佐藤來說，他們的首要任務就是創新。如果繼續秉承傳統的模式，旗艦店的表率作用就達不到，Uniqlo 的新理念就體現不出來。在店面設計上，每個細節都要仔細考究。每一次推出新產品，佐藤都必須好好考慮應該應用什麼樣的方式展示給顧客。從服裝展示的方位、燈光等各個方面，佐藤都要使顧客走進店中感覺到的第一印象就是毫無瑕疵。

只有合理，才是美。

有一個問題不得不說。因為是服裝店，顧客難免會在店鋪中試穿衣服，遇到不滿意的尺寸，店員一方面要幫助顧客去拿其他尺寸的衣服，另一方面還要把顧客換下來的衣服折疊好，這在無形中就增加了工作量。為此，佐藤研發了「罐裝T恤」的銷售方式。

佐藤把同一尺寸同一款式同一色彩的T恤放到一個罐子裡，在罐子外面貼著一張模特的照片，模特穿的是和罐子裡面一模一樣的T恤。並且在旁邊，還有專門用來試穿的樣品，只要顧客試穿後覺得合適，就可以自己去罐子裡拿出一件來放進購物車中。這樣新穎的購物體驗真正做到了讓消費者如同在超市市場購物一樣方便，更有消費者認為這樣買衣服的方式就像是從自動販賣機裡買可樂一樣。

佐藤的這個創舉，既完全符合Uniqlo宣導的自由購物的理念，又充分尊重了顧客購物時的習慣，還兼顧了提高店員工作效率的問題，一舉三得，更是「合理主義之美」的典型表現。

在日本文化中，合理性的美其實處處都可以尋找得到。從工業產品到日常生活的小用品，都秉承著具有日本民族特色的合理概念。最典型的就是日本汽車業，其能夠在歐美乃至全球市場尋得一席之地，靠的就是把車輛的性能和外形合理性地結合在一起，從而呈獻給擁有者以「美」的感受。

在佐藤看來，所謂的合理主義之美，表現在Uniqlo的服裝上就應該是簡單和樸素，但同時又不失流行與時尚的結合。

因此，佐藤對Uniqlo的服裝做了最大的減法。他去掉了服裝上所有繁雜的東西，甚至連Uniqlo的標誌都不容易尋找到，為的就是能夠讓服裝在穿衣者身上呈現出「百搭」的概念。佐藤想要強調的是，Uniqlo並不是速食產品，並不是販賣各種時尚元素的媒介，Uniqlo的衣服應該是顧客購買回去的零件，只要你喜歡，就可以隨便組合出自己身上的服裝款式。佐藤解釋說：「我們只是提供一些物件，讓消費者自由組合、創造，它代表的是日本文化，一種簡單卻包含快樂的力量。」

這才是最根本的合理之美。

◇走出價格戰爭◇

Uniqlo 的低價早已經不是什麼新聞，然而當越來越多的企業加入到低價行列時，Uniqlo 的出路又在何方？並且，Uniqlo 還面臨另一個嚴重的問題。因為奉行極簡主義，這就使得 Uniqlo 的服裝具備很強的可複製性。想要仿造一件 Uniqlo 的服裝變得輕而易舉，令人頭疼的是這些「山寨」Uniqlo 的價格卻更加具有吸引力。

因此，走出價格戰爭的惡圈，柳井正需要尋找另一條保證 Uniqlo 市場占有率的新模式。

在 Uniqlo 國際化的進程中，其逐漸把生產線轉移到了勞動力成本和材料成本相對較低的東南亞地區，中國更是所有計劃的重中之重。Uniqlo 服飾低價的祕密，和「中國製造」脫離不了關係。但是，和其他國外的企業同樣也把生產基地設置在中國不同的是，Uniqlo 始終保持著「對商品完成度展現的強烈堅持」。

一般來說，企業把生產基地設在中國，大多考慮的是成本因素。然而柳井正思考的並不僅僅只是如此，柳井正把 Uniqlo 看做是自己親手培養起來的孩子，他要求 Uniqlo 販賣出去的每一件衣服都有足夠的品質保證。對每一件成品的品質，柳井正都秉持著絕不妥協的態度，絕不讓任何一件不良品進入 Uniqlo 的店鋪。

產品的品質，是一個企業的生存之根本。Uniqlo 對衣服品質的堅持，迫使眾多「山寨 Uniqlo」紛紛關門大吉。單純的價格競爭，是不夠完整的競爭體系；單純憑藉價格的吸引而走進店鋪的，則永遠都不是足夠成熟、理智的顧客。Uniqlo 吸引人的標誌是便宜，但更是低價且有好貨的保證。

柳井正最初決定在中國開設加工廠的時候，也是按照當時通用的方式透過仲介而尋找到合作委託生產的工廠。但是這麼一來，生產的產品品質就不能有保證。很長一段時間中，Uniqlo 從這些廠商收到的貨物中總會有品質低劣的次品。痛定思痛，雖然受限於資金和當時中國的政策，柳井正還是堅持想要打破當下的這種模式。當時，受委託的代理人仲介掌控了八成的生產許可權，而 Uniqlo 只有兩成在握。因為不肯放鬆低成本這一目標，柳井正繼續堅持著在中國尋找 Uniqlo 的生產工廠，他卻要把整個流程中的一切全都「一手包辦」。

為了解決這個問題，一九九九年四月和九月，柳井正先後在上海和廣州設立了生產管理事務所。他從迅銷公司的總部派出了「品質安全管理團隊」來對 Uniqlo 服裝的整個生產過程嚴格監督，只有符合這個團隊制定出來的產品品質的各項細則的服裝，才能夠最終被放進集裝箱運往世界各地。

這一措施起到了很明顯的作用。技術人員可以和生產人員直接溝通，他們還會把 Uniqlo 的經營理念和服裝生產的目的告訴給工廠工人，這讓每一個在生產線上工作的員工明白其實自己的命運和 Uniqlo、和自己正在製作的服裝是緊密相連的。只有生產優質的產品，才能為自己為工廠換來更多的業務；若是敷衍了事，可能會因此而喪失掉賴以生存的飯碗。

不只在中國，在東南亞地區的其他設有 Uniqlo 生產基地的國家中，柳井正都派有「品質安全管理團隊」，他們每個星期都會到各個工廠做品質檢測，以確保服裝的品質。

當然，不論何時，柳井正和 Uniqlo 從來都沒有放棄過價格戰爭這一塊陣地。但很顯然，價格戰爭並不是 Uniqlo 制勝的唯一法寶。產品和品質是拉攏回頭客的最有力武器，附加在產品品質上的軟服務是 Uniqlo 對每一個顧客負責任的態度的體現。憑藉這些附加的價值去打動顧客，才是 Uniqlo 走出價格戰爭之後，能夠在日趨殘酷的國際化市場競爭中取勝的關鍵。

◈附加價值最打動顧客◈

對生產過程嚴格把關，使得 Uniqlo 的服裝擺脫了「便宜貨」的概念。在二〇〇一年八月分的時候，迅銷公司更是併購了中國的生產廠商，迅銷公司中國分公司從此成立。此後，Uniqlo 開始逐漸告別生產外包的時代。從服裝製造的上游到服裝銷售的下游，Uniqlo 幾乎牢牢掌控了每一個環節。

產品的價格和品質是一件優質服裝所應具備的根本，如果單單把這一點作為吸引顧客的噱頭顯然不足以讓 Uniqlo 在眾多的服飾品牌之中脫穎而出。柳井正說：「最糟的情況是舉棋不定、沒有任何動作。如果要我說自己有什麼可取之處，那就是我一定會做好在當下就必須做好的事情。」對 Uniqlo 來說，滿足顧客的需求，是從誕生那一天開始就肩負著的使命。

第一家店開業的時候，因為前來購物的顧客實在太多，而店鋪之中根本就沒有那麼大的容積量。每天早晨，門前都會排起長長的隊伍。Uniqlo 派送牛奶和麵包給排隊顧客的舉動，一時間俘獲了許多消費者的心。柳井正採取的是攻人攻心的手段，簡簡單單的牛奶加麵包策略，讓附加在 Uniqlo 服裝上的潛在值成為顧客選取 Uniqlo 的最大誘導因素。

柳井正也在考慮 Uniqlo 產品的附加價值。所謂附加價值，是指在產品原有價值的基礎上，透過生產過程中有效勞動新創造的價值，簡單說就是附加在產品原有價值上的新價值。價格是價值的直接體現，然而 Uniqlo 已經打破了「便宜沒好貨」的謠言。有了品質保證之後，附著在 Uniqlo 服裝上的各種附加價值成了體現 Uniqlo 本身文化最搶眼的亮點。

哈佛大學出版的《企業管理百科全書》對附加價值的解釋如下：附加價值是企業透過生產過程所新增加的價值，或者從企業的銷售額中扣除供生產之用及購入的原材料成本，也就是企業的純生產額。除去技術、資本、原材料這些概念，在 Uniqlo 的服裝中，在 Uniqlo 店鋪的購物體驗中，柳井正要傳達出的附加價值有多方面。

送早餐給排隊的消費者，是要表達迅銷公司體恤消費者的需求；在 Uniqlo 任何一件服裝的標籤都被刻意隱去，以起到「百搭」的概念，此舉一方面是從消費者的角度出發考慮，另一方面更是 Uniqlo 本身經營理念的重申；而走進 Uniqlo 店鋪，任何一個消費者永遠都不會產生有錢沒地方花的感覺，柳井正要求每一個 Uniqlo 的店員都是最好的，因此當任何一個顧客有任何需求的時候，店員都會盡最大能力來滿足。在 Uniqlo，只有你進了店鋪，你才能感覺到自己是真正的上帝。

Uniqlo 傳遞給消費者的概念，從來不是生硬推銷，「自由購物」的理念是貫穿始終的。Uniqlo 對顧客保證的是，只要進入了店鋪，就能找到真正適合自己的並且是自己喜歡的服裝。

其實，從這一點上來說，這樣的概念並不算是 Uniqlo 產品的附加價值。Uniqlo 在和工廠合作的過程中，彼此始終都保持著對等的、相對緊張的關係，儘管柳井正和迅銷公司的全體員工都盡自己最大的努力來確保整個生產過程不會處於同一個企業的掌管之下，以保證產品不會出現品質的問題。但因為迅銷公司對所委託的工廠採取了頗為嚴格的監管措施，這也讓他們之間的合作出現了許多不愉快的地方。

所有被委託生產的工廠都感覺到，要面對 Uniqlo，就不能隨便敷衍了事。而 Uniqlo 的所有員工也明顯體會到，要面對消費者，更不能隨便敷衍了事。因此，從生產到銷售，再到對每一個進店消費的顧客的服務，處處都充斥著 Uniqlo 獨有的產品附加價值，這也讓顧客在 Uniqlo 體驗到了購物的樂趣。

◈頂級創新嚇退敵手◈

從把家族傳統的專營男式西裝的小郡商事變成 Uniqlo 服裝自由選購大賣場的那一天開始，柳井正就從來沒有放棄過創新。創新這個詞，已經成為他這麼多年來帶著 Uniqlo 日漸走向國際化舞台的法寶。

經濟學上，創新的概念起源於美籍經濟學家約瑟夫·熊彼得在一九一二年出版的《經濟發展概論》。熊彼得在其著作中提出，創新是指把一種新的生產要素和生產條件的「新結合」引入生產體系。它包括五種情況：引入一種新產品，引入一種新的生產方法，開闢一個新的市場，獲得原材料或半成品的一種新的供應來源，實現任何一種工業的新的組織。熊彼得的創新概念包含的範圍很廣，如涉及技術性變化的創新及非技術性變化的組織創新。

不論從哪一個層面來說，創新從來都不是一件容易的事情。要創新，就意味著要改變。想要出新必然先要推陳，這個過程需要莫大的勇氣。而創新同時還需要更多的付出，在推動力的作用下改變長久以來經營的慣性。因此，創新是相當危險的一種行為。在創新的路上，並不是一分耕耘就有一分收穫。失敗總是不可預期的事情，選擇了創新這條極為不平坦的道路，從另一個側面證明了柳井正和 Uniqlo 的奮鬥精神。

最驚人的創新模式，無異於 Uniqlo 獨特的經營模式。當柳井正第一次把超級市場的模式照搬到服裝業的時候，所有的人都驚訝得掉了下巴。最早誕生開創現如今 Uniqlo 模式的想法時，柳井正還在上大學，身為學生，自然對以學生為主體的年輕人的想法有著最直接的體驗。年輕人都喜歡快速消費，因此他們不會把太多的時間花在區分衣服的不同款式和色彩上。對年輕人來說，如果有一種店鋪，自己一眼掃過去就能夠看到喜歡的衣服，那就可以節省下不少逛商場的時間。並且，在這樣的店鋪中沒有店員來麻煩的和自己討價還價。柳井正想到，只要衣服的價格足夠低廉，衣服的品質足夠有保證，由此理念而開設的店鋪一定會得到年輕人的欣賞。

這樣的店面，售賣的服飾必然是年輕人最喜歡的休閒服飾。

休閒服飾不同於其他的服裝，其注重流行性和便利性的特點讓休閒服裝業成為資金流轉速度最快的行業。因此，柳井正完全不用擔心自己的想法是否可行，只要看到絲毫不妙的苗頭，他完全可以馬上停下前進的腳步。

同時，柳井正還創造了另一個竅門給 Uniqlo。他將要創立的 Uniqlo 服裝賣場，將採用完全的自助服務。沒有店員在你耳邊喋喋不休，有的只是自由自在逛商場的愜意。此舉絕對可以稱得上是前無古人後無來者。在解放了顧客的同時，這一舉措還解放了店員。在傳統的經營模式中，總會聽到店員這樣抱怨：「現在的顧客真的是太難伺候了，如果太順著顧客，那經營者也太下賤了。」這和「顧客就是上帝」的經營信條相背離，卻是真實存在的尷尬。柳井正創造出的自由購物的模式不但解決了這一衝突，還徹底改變了日本國內服裝銷售業的傳統經營模式。

因此，當 Uniqlo 的服裝上架時，因其價格低廉，許多人將其稱為「無論何時都能夠隨意挑選服裝的大倉庫」。也正是因為這些令人大吃一驚的新的銷售模式，Uniqlo 從此以「獨特、服裝、倉庫」這幾個關鍵字，在前來購物的消費者心中留下了與眾不同且難以磨滅的印象。

在 Uniqlo 創新之路上，總是會被後來的尊崇者冠以「積極」、「勇敢」和「大膽」的讚美詞。然而，在創新之外，Uniqlo 所面臨的一個最大的問題就是人才。在經營模式上的創新容易實現，但是在人才上的創新並不是那麼簡單的事情。

一個優秀的人才，除了要具備專業的業務素養之外，還要有不同於一般的心理個性。自信、激情、責任都是需要考慮到的因素。Uniqlo 所需要的優秀人才，不但要相信自己，更要有為了滿足顧客的要求和使 Uniqlo 的經營更上一層樓的目標而不懈奮鬥的激情，還要有敢於承擔責任和風險的意識。在這個層面上來說，能夠維持店鋪的正常營運要求，反倒成了最基本的要求。沒有創新的人，思維永遠是僵化的，Uniqlo不需要一個「衣架子」來管理店鋪。

所以在選擇人才時，柳井正打破了傳統的選擇人才靠學歷的模式。不管是剛畢業的大學生還是公司的高階管理人員，想要進入Uniqlo，都要先從最基層做起。柳井正說，只有真正到基層去了解消費者的需求，才能對店鋪的營運有直接的經驗，然後才可以對Uniqlo的發展提出具有建設性的意見和建議。

在Uniqlo真正具有話語權的人，並不是坐在辦公室中「指點江山」的人，相反卻是每一個店鋪的店長。因為Uniqlo存在加盟店的情況，所以每個店鋪的經營模式其實並不完全相同。Uniqlo不允許高層管理者憑藉並非來源於實踐的理論去指導不同的生產經營。

創新，或許對於其他企業來說是極其簡單的步伐，但對於Uniqlo來說，只是一種日常的經營方式。只有創新，才能夠每一天都展現出一個全新的Uniqlo給消費者，才能夠滿足消費者日漸不同的需求，讓Uniqlo永遠都不會成為時尚的落伍者。

◈極簡百搭主義◈

做休閒服飾，目標受眾必然以年輕人為主。雖然在 Uniqlo 的貨架上，不論男女老少都能找到適合自己穿的衣服，但最主要的消費人群還是集中在年輕人身上。

那麼，從一家傳統經營的男士西裝店轉型而來的休閒服裝店鋪，如何才能獲得年輕人的支持呢？隨著 Uniqlo 全球化的進程日益加快，其所要面對的問題將是如何去迎合世界範圍內不同地域的年輕人的不同口味。

其實，答案很簡單──「百搭」。Uniqlo 從來沒有放棄過這一概念，「百搭」成為了 Uniqlo 以不變應萬變的制勝武器。「百搭」這一概念，因而也迅速流行起來。

簡單來說，「百搭」就是──「衣服是服裝的零件，組合是消費者的自由。」事實上，完全體現這種理念的正是 Uniqlo 旗艦店在潮流重地原宿的重新開張。當時，五百種不同款式的 T 恤在店鋪中以一面牆的形式陳列出來，每層樓均設置了「UT 搜尋」的檢索機台。有的消費者不明白為什麼 Uniqlo 會用這樣的方式來販賣自己的衣服，把衣服老老實實掛在衣架上讓消費者去選擇不是更好嗎？

Uniqlo隸屬於迅銷公司，而迅銷公司的概念可以理解為FAST（迅速）+RETAILING（零售）=快銷。只要「百搭」的概念流行起來，迅銷公司就名副其實成為銷售最為快速的地方。但「快銷」並不簡單等於快速銷售，單純的快速銷售比拚的是店鋪的場面和價格。對Uniqlo來說，「快銷」不但要在短時間內銷售出大量的服裝，更要保持住長線銷售的趨勢，不能一下就把公司的老底給吃完。

而對「百搭」更通俗的理解就是，一件衣服可以和任意的其他衣服穿搭出不同的效果，以起到「一衣多用」的作用。所以，只要購買了Uniqlo的服裝，就等於省去了購買其他服裝來專門搭配的麻煩。如此時尚、省錢的方法，自然會得到年輕人的青睞。

為Uniqlo做幕後操盤手的佐藤可士和成功的緣由往往是因為其作品足夠簡單，因為只有簡單並且具有視覺震撼力的作品，才能夠為品牌形象及商品行銷提出新的可能性。他說，「設計不是一門需要微妙和細膩感覺的藝術」，所以佐藤可士和要「創作大多數人能夠明白而且能吸引他們的東西」。極簡主義，並且從來不放棄從顧客的角度去考慮問題，才是符合年輕人潮流的新鮮話題。

佐藤可士和對柳井正說過一句話：「Uniqlo這個品牌就像一個媒體，一定有『只有Uniqlo才能做的事情』。」「罐裝T恤」的成功屬於佐藤，更屬於Uniqlo和柳井正。在原宿店開張後，裡面內置的UT檢索台更是讓「百搭」的設計理念完全以大眾容易理解並且可以親身參與進來的方式呈現在消費者面前。用瓶子把一件件型號、款式、色彩一致的T恤整齊裝好，前來選購的顧客在確定了自己的型號之後，只需要在UT檢索台裡按著左右鍵，或者輸入想要尋找的衣服關鍵字，就能在檢索機裡得到自己所喜愛的搭配方式了。剩下的事情，就是大搖大擺走到「罐子T恤」面前去掏錢付帳就可以了。

「只有Uniqlo才能做的事情」，這句話，正在一天天變成現實。

◈ 讓時尚平易近人 ◈

時尚是什麼？

每年，時尚服裝界都會在時尚之都的巴黎舉行時裝週。在伸展台上，模特們穿著設計師當季貢獻出來的心血之作接受著來自世界各地閃光燈的檢驗。然而，有人提出疑問說，這些模特們所穿的衣服真的能夠穿上大街穿進辦公室嗎？

答案顯然是否定的。

時尚的最初定義是，在特定的時段內率先由少數人實驗、後來將為社會大眾所崇尚和仿效的生活樣式。在柳井正的理念中，時尚的概念應該更集中在該定義的後半句。時尚只有被大眾所接受和追捧，才能稱之為有價值、有意義的時尚。這種時尚涉及生活的各個方面，如衣著打扮、飲食、出行、居住，甚至情感表達與思考方式等。

誠然，每個人對時尚的理解概不相同，而時尚本身就是一個包羅萬象的概念。但歸根結底，有關時尚的討論會被唯一的論斷所終結，那就是時尚帶給人的是一種愉悅的心情和優雅、純粹與不凡感受，賦予人們不同的氣質和韻味，體現不凡的生活品味，精緻、彰顯個性。人們因為追求時尚而使自己看起來更美麗，使自己的生活更加美好。儘管流行趨勢不斷更替，琳琅滿目的時尚飾品也總是讓人耳目一新，但關於時尚的期待永遠不會變。

柳井正正是抓住了時尚最終的概念，才在 Uniqlo 服裝的製造上力圖達到讓每一個穿上 Uniqlo 服裝的人都有著愉悅的體驗。

其一是在價格上，只有把服裝的價格設定在消費者可以承受的範圍之內，才能讓其產生消費的衝動，這是掀起時尚風的前提。

其二便是品質。一件衣服的最根本就在於品質。不論時尚與否，品質永遠都是不能夠忽略的因素。而好的品質，更是時尚必不可少的因素。

其三就是款式。乍看之下，Uniqlo 的服裝並沒有過多的新款式，好似所有的衣服都是一個模子裡刻出來的。這和其「百搭」的概念不無關係，但 Uniqlo 從來沒有放棄過在衣服款式上的嘗試。

在冬日寒風肆虐之時，Uniqlo 曾經以雙面刷毛這一曠世之作震驚了服裝界。在傳統的概念中，雙面刷毛是一種貴族用品。但是在原宿店開張的時候，Uniqlo 實行了把低價進行到底的政策，他們售賣的雙面刷毛的服裝只有一千九百日元。柳井正說：「我們是極速爆發出來的小企業，如果不拚命宣傳，世界無法知道我們的存在。」因此，Uniqlo 新開發的這一款傑作，趁著原宿店開張的東風迅速火遍了大和民族。

Uniqlo 也打出了「輕薄時尚，暖意隨身」的口號，柳井正要讓每一個 Uniqlo 的顧客「告別單調，讓你成為今冬街頭炫目的風景」。在這句廣告語的背後，很明顯可以看出 Uniqlo 一直在沿著親民的路線走下去，其不但給了顧客最簡潔的設計，還給了顧客最親和的穿衣體驗。

作為新品的雙面刷毛，內襯是毛茸茸的吸熱保溫材料，摸上去手感十分柔軟，這一點非常得喜歡追求時尚的年輕人尤其是年輕女孩子的追捧。既然能夠得到這樣一群人的青睞，Uniqlo 的時尚之路也算是走出了獨屬於自己的風格。

難得的是，Uniqlo 雖然也引領起了一股穿衣的風潮，但其並沒有用限量版等招人眼球的手段來推高衣服的價格。Uniqlo 每一款雙面刷毛服裝，都有同樣的材質不同的款式設計可供選擇。其不但有著令消費者休閒而舒適的穿衣體驗，而且有低廉的價格和品質保證，不論是休閒在家還是在辦公室工作，該款式的雙面刷毛都能夠和環境很好的搭配起來。

款式不誇張，卻可以用色彩和圖案來吸引眼球。這是 Uniqlo 的時尚新概念，也是 Uniqlo 正在探索的一條適合年輕人消費品味的道路。

但時尚每一天都在改變，Uniqlo 人從不會放下讓時尚平易近人的概念，只有一直堅持下去，才能有獨屬於 Uniqlo 的風格呈現出來。

第三章 品質：Uniqlo 的常識

◈吸引眼球的噱頭才具有價值◈

若要問到 Uniqlo 最吸引人眼球的地方在哪裡？任何一個進店購買過 Uniqlo 服裝的人都能夠隨口說上一大堆自己的理由。Uniqlo 完全做到了符合大眾品味這一件向來被認為是眾口難調的事情。

不論是賣衣服，還是賣老百姓日常生活離不開的柴米油鹽，每一樣商品都先要經過顧客的驗證，證明其值得自己花錢購買。Uniqlo 剛開張的時候，人們瘋狂搶購的程度令所有人驚訝。第一次，日本的經濟界意識到原來買衣服也可以像是在超級市場一樣推著購物車隨便挑選。Uniqlo 的自由購物形式打破了傳統僵化的顧客和店鋪之間的關係，這層透明的窗戶紙一經捅破，商家地位的高低就完全由消費者來決定了。

這就像是在市場上售賣的米一樣，為什麼普通的米只能便宜賣，而品牌的米卻能賣得貴呢？究竟有沒有既便宜又有品質保證的商品存在呢？柳井正明白，吸引人眼球的最好噱頭無外乎只有兩點，一是價格，一是品質。但兩者不應該是相互分開而獨立存在的，在保證價格足夠低的同時，還要保證品質足夠好。這不是一件容易做到的事情，尤其是在產品宣傳的時候，如果過重宣傳其中的某一點，就會對消費者形成誤導，從而令其產生質次價廉或者質優價高的錯誤觀念。

在 Uniqlo 沒有開業之前，以及剛剛開業的時候，沒有人知道這裡賣的衣服到底有沒有廣告中說的那麼好。前來排隊購物的顧客，多半是被 Uniqlo 廣告中宣傳的低價格吸引來的。在他們看來，以如此低的價格就能買到一件衣服，實在是從來不敢去想像的事情。然而，當最初的激情褪去的時候，當低價格已經成為常態之後，消費者才會顧慮到自己因為一時頭腦發熱買下的衣服是不是真的適合。此時，衣服的品質是最關鍵的問題，當消費者發現自己以最少的價錢買回來一件最好的衣服時，Uniqlo 的品牌便會牢牢占據住他們內心的首選地位。

但柳井正並沒有滿足於此。對 Uniqlo 來說，這一切的成功都只是剛剛起步。雖然成功運用了「SPA 模式」之後，服裝的生產成本變得完全可控制，並且任何一件衣服的品質也都需要經過重重檢驗之後才能面世，儘管 Uniqlo 是第一個這樣做的，卻不能保證自己將會是最後一個。因此，在面臨新世紀越來越多、越來越快速的變革時，Uniqlo 必須要有新的吸引顧客眼球的噱頭，才能繼續立於不敗之地。而只有成功吸引到顧客的眼球，並且擁有能夠把顧客拉到店中消費的噱頭，這樣的宣傳才有價值。

拋卻了產品的價格和品質，柳井正決定從 Uniqlo 服裝本身的附加價值入手，以圖轉變日漸雷同的行銷模式，進而讓 Uniqlo 進入一個新時代。

(1) 當科技以一日千里的速度發展的時候，Uniqlo 也禁不住想要在自身上試水最新的科學技術。然而，科技和日常服裝似乎從來都是不沾邊的兩個概念。要改變這一窘迫的現狀，柳井正把目光移向了雙面刷毛。

雙面刷毛服裝的上市，是具有革命性的。Uniqlo 做到的是讓原先價格昂貴的服裝材料，走進了尋常百姓家。面對需求量如此大的市場，Uniqlo 在二〇〇〇年十月八日，開始了網上銷售雙面刷毛服裝的新模式。最開始的時候，Uniqlo 的網站上擺出了十八種顏色的服裝，之後以每週增加三種新顏色的速度添加新的商品類型。

想要購買這一新潮服裝的消費者再也不用從一個城市跑到另一個城市了，只要坐在家中點點滑鼠，自己選購的商品就能夠送到家門口。借用網路這個新興起來的媒介，色彩繽紛的雙面刷毛的銷量一年比一年高。

從 Uniqlo 這一做法上可以得出的結論是，任何時候都不應該放棄科技的力量，不論行業、不論產品，也不論受眾對象是誰。

(2) 從產品出手，Uniqlo 充分挖掘了自身的特色和消費者的特色。因為是休閒服飾，消費者的主力軍是年輕人，而 Uniqlo 又是以自由購物為理念的，在平衡了彼此之間的契合點之後，Uniqlo 所要做的就是尋求比其他企業售賣的衣服更具有吸引力的產品特色。在市場日益細分的今天，能夠搶占到一片獨有的市場空間，並且在休閒服裝領域有著強烈的獨占性，Uniqlo 服裝的特色訴求是使消費者記住該品牌的有效推動力。

Uniqlo 最新的產品廣告充分借鑑了現如今辦公室白領追逐的社交網站優勢，迅速侵入各個網路及電腦中。令人意外的事情是，Uniqlo 的廣告依舊低調得很少提及自己品牌的名稱，以及在衣服上幾乎找不到 Uniqlo 品牌的標籤。

(3) 文化訴求是一個品牌快速侵入另一個市場的利刃。Uniqlo 卻反其道而行之，不論走到哪裡，其永遠都沒有放棄過自己原有的日本文化的概念。佐藤可士和在為 Uniqlo 設計新 LOGO 的時候，堅持讓受眾能夠從 LOGO 上一眼就看出日本國旗的顏色就是典型的特例。

也許有人會說 Uniqlo 是在固守一些殘缺的概念，但柳井正和佐藤可士和的意見超乎想像的一致。他認為，Uniqlo 是日本的品牌，他的責任即是把這個品牌推廣到全世界。儘管在世界舞台上 Uniqlo 和當地的民族文化依舊存在著些許的不相容，但保持自己的個性才是生存下去的必要條件。雖然也曾遇到過抵制情緒，但當大家一看到這個標誌就知道這是來自日本的 Uniqlo 時，誰又能說這不是一種成功呢！

(4)

最後一點就是 Uniqlo 的服務理念。顧客是上帝，這句話對 Uniqlo 的員工來說從來都不是空談。當衣服賣出去之後，從傳統意義上來講，店家和消費者之間就再沒有任何關係了。但 Uniqlo 要做到的是每一件賣出去的 Uniqlo 的服裝，都代表著 Uniqlo 的品牌，因此顧客在選購的時候所有的店員都應該盡自己最大所能為顧客提供服務。這讓顧客感受到，自己其實買下的不僅僅是一件衣服，更是一種體貼人心的服務。

不論何種行銷方式或是何種附加手段，要想產品取得行銷上的勝利，最終離不開產品過硬的品質。以此來提高產品的銷售並給企業帶來好的聲譽，好的聲譽也會因此而成為產品的一種額外附加價值。

◈Uniqlo DIY 流行風◈

二〇一〇年，柳井正以七十六億美元的身價穩坐日本富豪排行榜的頭把交椅。然而，這位已經年過花甲的老人看上去並不是老氣沉沉，他對全球流行趨勢的把控甚至比一些年輕人還要精準。柳井正時時都在關注巴黎、倫敦、紐約等城市的最新潮流資訊。在他看來，只有不斷學習，才能讓 Uniqlo 的服裝不斷創新，從而不至於被時尚潮流落下太遠。柳井正可以準確判斷出下一季的流行趨勢，基於 Uniqlo 的「百搭」概念，他甚至可以用簡單的一件 T 恤和一件夾克就能掀起新一輪的流行熱潮。

有了這樣一位對流行有著不老之心的人帶領著，Uniqlo 想要掀起流行風，從來都不是天方夜譚。

在 Uniqlo 服裝設計的過程中，所有的設計師們，有時候還包括柳井正自己在內，從來都不是只看各大潮流都市的時裝週就決定自己下一季的設計風格。Uniqlo 和世界各地的獨立音樂廠商、設計師、藝術家都有著密切而廣泛的合作。柳井正告訴自己，Uniqlo 要做的事情是將一件簡單的 T 恤變成藝術品，讓看似最普通的衣服成為最令人期待的、同時也是每個人都能夠買得起的收藏品。

柳井正曾在接受 CNN 採訪時，建議女記者去買一條寬鬆牛仔褲，「上一季的修身、緊身牛仔褲已經不流行了」。女記者當時很驚訝，然而柳井正只是報以簡單的一笑。對他來說，想要去指導一個人的穿衣品味實在太簡單了。甚至他還在現場推銷起了 Uniqlo 的羊絨連衣裙，他說：「這可能會是今年秋冬最流行的單品，我建議你最好去買一件。」

然而，柳井正也知道，自己對於設計和流行來說，即便了解得再深刻，也永遠都是門外漢。天外有天人外有人，懂得向他人求教才是能夠使 Uniqlo 不斷進步的根源。沒有人知道柳井正用什麼方法把吉爾．桑達—因不滿老東家 PRADA 而從時裝界隱退的設計女王—請出了山。吉爾．桑達向來以設計的簡潔著稱，當她重新回到時尚界並且成為了 Uniqlo 的創意總監的消息一經公開，迅銷公司的股價當天就上漲了百分之八點六。柳井正這一次走了一招十分微妙的棋子，只要有吉爾．桑達坐鎮，Uniqlo 的服裝就會永遠站在流行的前沿，再不會有「Uniqlo 是賣爺爺奶奶穿的衣服」的聲音出現了。

同時，為了捕捉到最新的流行趨勢，Uniqlo 還在東京、紐約、巴黎和米蘭等時尚重地設立了研發中心。他們的主要任務就是找出下一季會流行的元素，然後在此基礎上研發新產品。

吉爾．桑達的設計理念和 Uniqlo 的經營理念不謀而合，再加上柳井正對時尚和流行元素的敏感性，Uniqlo 終於在國際市場上敢於向兩大競爭對手 ZARA 和 H&M 叫板了。在設計界，極簡主義一向不愁沒有追隨者，但是很少有設計師能夠像吉爾．桑達那樣將其作為一種藝術而細細研究。她說：「時尚最重要的是其連續性，女人們渴望自己能夠信任、依賴某些事物。」Uniqlo 把吉爾．桑達招致麾下，就等於為自己確定了具有連續性的長達數年的時尚潮流路線。

吉爾．桑達為 Uniqlo 設計的服裝不是以前老東家 PRADA 那種面向高級顧客的風格，她推出的名為「J+」的男女服裝系列以高品質和高品味成功把 Uniqlo 的品牌推向了一個更高的高度。雖然許多人詫異吉爾．桑達和 Uniqlo 的合作，因為他們兩者之間的風格看似完全不搭調，但吉爾．桑達卻說能夠重回時裝界是令人興奮不已的。Uniqlo 更因為能夠得到她的設計而顯著提升了自身的品牌形象，甚至 Uniqlo 的顧客因為用低廉的價錢穿上了吉爾．桑達設計的衣服而沾沾自喜。

Uniqlo 在日本超高的人氣，致使日本人幾乎人手一件 Uniqlo 的服裝，本來以為這就代表著 Uniqlo 的全民流行風潮，卻使很多人造成了撞衫的尷尬。甚至有的年輕人說，自己在 Uniqlo 好不容易找到一件喜歡的衣服，但第二天穿上街一看，自己竟然和對面的老奶奶穿的衣服一模一樣。因此，很多人在購買了 Uniqlo 的服裝後，為了突顯個性，往往親自動手在既有的服裝上加入喜歡的元素，從而設計成符合自己個性的新服飾。這種 DIY Uniqlo 服裝的熱潮，迅速在全日本風靡開來，甚至還形成了「改裝 Uniqlo」現象。

一些喜歡對衣服做個人二次加工的愛好者們成立了「改裝 ·Uniqlo 俱樂部」，他們將買來的 Uniqlo 服裝配上蕾絲花邊，以尋求符合自己審美的時尚概念。

J-CAST 新聞就曾經在二〇〇九年一月二十七日就流行服飾熱點話題《穿「Uniqlo」會感到害羞嗎？》做過報導，報導中鮮明指出作為日本國民品牌的 Uniqlo 存在的撞衫問題。報導的最後還刊載了一些民眾對這件事情的看法和建議：

「服裝的大量生產必然會造成撞衫現象，所以問題在於是要選擇衣服樣式的唯一性還是選擇衣服的生產量。如果顧客不喜歡被撞衫，那麼自己改裝一下衣服樣式那也未嘗不可。」

「購買者可以透過購買『Uniqlo』添加自己喜愛的元素，不但可以減少撞衫，還可以發揮創造力，增加衣服價值。」

也有一些網友看到報導之後，在自己的部落格裡貼出自己改裝 Uniqlo 服裝的妙招：

「我將一件樸素的 Uniqlo 外衣裝飾上了花三百日元買的毛革帶子，只用了五分鐘就改裝成一件新衣服，再也不用擔心和別人撞衫了。」

「我在網上購買了 Uniqlo 嬰兒服，自己將一百日元的布製圖案裝飾上去，既便宜又實用。」

這是柳井正不曾預想到的事情，但如果能夠讓 Uniqlo 的服裝盡最大的可能為消費者的審美服務，不正是實現了 Uniqlo 服裝只是零件的目標嗎？而 Uniqlo DIY 流行風的盛行，一方面是因為 Uniqlo 服裝的確便宜，不用花大價錢買來的服裝即便剪壞了也不心疼；另一個方面，這樣的行為恰恰說明了「百搭」概念的成功，這無疑是 Uniqlo 一次最意想不到的軟廣告。

◈單一商品，大量生產◈

現如今，Uniqlo 販賣的服裝中有九成都是在中國生產的。為了保證品質，當初在選擇工廠的時候，Uniqlo 也盡量選用那些有過和國際知名品牌合作經驗的製衣工廠。但是符合這一要求的工廠其實並不多，當 Uniqlo 加入到與歐美眾多時裝名牌競爭生產廠商的行列中後，對於這個「日本來的新客人」，生產廠商反倒有了更多的選擇餘地。

如何在同歐美大品牌的競爭中爭得生產廠商的青睞，Uniqlo 有著自己獨到的方式和祕笈。當服裝業也進入到工業大生產的階段後，柳井正果斷採取了「單一商品大量生產」的策略。也就是說，接受了 Uniqlo 委託的廠商，其只要付出極其單一且簡單的勞動，就能夠收到足夠的報酬。Uniqlo 在委託生產廠商的時候，會盡量減少其所製造的商品的種類，堅持把訂單始終鎖定在單一商品的合作方式。不過，生產廠商完全不用為僅僅生產這一種商品而擔心。Uniqlo 每一次的訂單量，都是以萬來計數的，甚至可以達到數十萬。

在 Uniqlo 和生產廠商合作的過程中，這種「單一商品大量生產」的方式造成了規模經濟的效應。生產廠商不需要投入太高的技術和太多的人力資源，就可以在工業生產線上按時完成合約上的要求，這完全是一件省力且十分討好的事情。藉此，Uniqlo 才能在和眾多大品牌的競爭中提高自己的競爭力，也才有可能從一片亂戰中突圍出來。

而「單一商品大量生產」的優勢，還體現在購買原材料的成本上。因為是同一款式的衣服，並且大批量生產，所以在短時間內會需求大量的同款布料。在採購上，Uniqlo 設有專門的「素材企劃團隊」，憑藉著 Uniqlo 所獨有的規模經濟的優勢，其需求量驚人，供應商如果能夠和 Uniqlo 達成原材料供應協議，那必將也是一筆非常可觀的數字。Uniqlo 的「素材企劃團隊」正是掌握了這一主導權，才能和具有全球目光的紡織品製造商們直接交涉原材料的採購事宜。並且因為是批量購進，Uniqlo往往可以用最低廉的價格購進最好的棉麻紡織品，這也讓Uniqlo可以有更多的資本來進行新款服飾的研發工作，並且把已經投入生產的服裝的價格也盡量設定在最低值。

在大量生產單一商品的策略中，Uniqlo的喀什米爾服飾就是這一時期的代表作。喀什米爾服飾的主打口號是百分百的羊毛，但其依舊能夠保證低價格銷售，不得不說是借了這一生產策略的東風。而Uniqlo同時還長期穩定供應牛仔服飾系列，這也是「單一商品大量生產」的最直接表現形式。

有日本財經記者指出，「在百貨公司出專櫃的時尚品牌業者，單一商品在每季一般只下單五萬到十萬件」。但Uniqlo的服裝卻不同，Uniqlo旗下的「雙面刷毛服飾」因為在控制成本上做到了史無前例，所以儘管其銷售價格跌破了所有人的想像，但依舊能夠從中獲得不少利潤。一九九八年「雙面刷毛服飾」的訂單量還只有兩百萬件，兩年之後的世紀之交，這一數字翻了十倍以上，變成了兩千六百萬件。Uniqlo在創造令人咋舌的銷售數字的同時，也必定會為自己優越的生產模式而欣喜。

◈低虧損高盈利的不敗策略◈

很多人奇怪，為什麼一個只有五千億日元營業額的服裝賣場卻能夠淨賺七百億日元呢？在經濟危機的影響下，Uniqlo 的年銷售額縮減到了四千億日元，但其高達五百億日元的利潤依舊讓眾多的企業豔羨不已。

換做是其他公司，如果營業收入跌幅達到百分之二十以上，就幾乎等於零利潤了，Uniqlo 書寫的傳奇成為很多普通人甚至是知名企業家想要一探究竟的話題。

Uniqlo 成功運用「SPA 模式」之後，從生產到銷售中間沒有第三者的經銷商，因此就能夠做到低虧損和低投入，所以只要有細微利潤，也可以讓 Uniqlo 開動起來。因為缺少了中間商，Uniqlo 也從來都沒有固定的廣告宣傳費用，再加上連生產服裝的廠商都屬於迅銷公司所有，因此 Uniqlo 售賣的服裝完全可以和直銷畫上等號。其唯一需要付出的成本便是原材料的購進和從產地到日本的運費。

在「單一商品大量生產」的概念中，原材料和生產成本被降到了最低，甚至在服裝最初的設計階段，Uniqlo 也能夠調動起有效資源來做大量設計，以求把設計的費用降到最低。Uniqlo 已經完全把生產一件商品所需要的各種花費都預算了出來，這其中也包括了萬一產品不暢銷而造成的營業風險。

在 Uniqlo 的實體店裡可以鮮明看到其招牌服裝雙面刷毛夾克的標價是一千九百日元，但據 Uniqlo 的銷售人員透露，雖然定價如此低他們依舊可以賺到三百八十日元的利潤。而同樣的夾克在其他商場裡標價為四千日元，卻只能夠收到八十日元的利潤。這不能不讓人懷疑 Uniqlo 是在透過價格戰來打垮對手，最後實現市場的壟斷。

為了應對 Uniqlo 的低價格，銷售同款服裝的商家忍痛把價格定得比 Uniqlo 更低，然而因為沒有 Uniqlo 成套的體系作為支撐，拆了東牆補西牆的策略最終傷害的還是自己。在經營模式上，其他商家根本無法與 Uniqlo 匹敵。Uniqlo 的成功，已然成為日本企業競相效仿的案例。

但有些成功是無法複製的。Uniqlo 在大力推行「單一商品大量生產」的策略時，還有一個不為人知的祕密。他們每一次進購產品，採用的都是完全買進的方式。完全買進的概念是指，企業一次把所有的產品全部購買掉，不給自己留下退換貨的空間。這樣做，就需要承擔極大的風險，一旦產品出現滯銷，便會連同成本都賠進去。因為是完全買進，所以企業自己就要承擔起所有的風險。也正是因為這一模式所要承受的風險過大，才沒有太多的企業敢於邁出這一步。

但柳井正卻從完全買進方式的背後看到了另一個商機。他認為，既然採用完全買進的方式需要承擔大量風險，那麼自己就掌握了和生產廠商討價還價的主動權。畢竟，當企業把對方的產品完全買進並且承諾絕對不會退換貨的時候，這對生產廠商來說也是求之不得的事情。當 Uniqlo 用大幅度殺價的策略買進服裝之時，也就意味著其可以比同類型的企業花更少的錢買到同樣的服裝，因此也就理所當然可以用更低的銷售價格換來更高的利潤回報。

在這種模式下，只要產品的品質能夠保證，Uniqlo 從來不用擔心銷售量的問題。現如今，Uniqlo 每個單季都會推出三百五十到四百款新產品。和其他的休閒品牌相比，這一數字雖然並不能稱得上是驚豔，但 Uniqlo 用幾分之一於他人的新款數量換來了幾倍於別人的銷售量。

能夠擁有如此喜人之勢，完全得益於 Uniqlo 大力推行的「單一商品大量生產」策略。這不僅帶給了 Uniqlo 成本上的優勢，更避免了因為熱銷而造成的斷貨危險。柳井正在談到自己這一經營方式的時候說：「以單一商品品質的提升和大量生產銷售作為基礎，達成從商品企劃、生產、物流到銷售這一連串體系的精緻化，Uniqlo 已經確實完成了基礎準備。」

從柳井正的話中可以看出，這一策略正是「SPA 模式」的延伸，同時也是其最大的利基點。一旦把「SPA 模式」的作用發揮到了最大化，擺在 Uniqlo 前面的將是一條充滿光明的康莊大道。

◈不是每一件衣服都敢於叫 Uniqlo◈

眾所周知，全部買進的策略帶有難以預料的風險。而 Uniqlo 為了減少在單一季之內由於盲目的全部買進而帶來的虧損，其會在季節中隨時調整下一季的訂單數量。根據本季的實際銷量，去決定下一季是追加還是減少生產的數量。好在迅銷公司從採用「SPA 模式」至今，一直都處於該模式的掌控地位，因此只要 Uniqlo 提出了數量上的調整，透過迅銷公司總部就能夠很容易把這一消息傳達給生產廠商。

依舊拿 Uniqlo 引以為豪的雙面刷毛的服裝為例，一九九八年憑藉著原宿店開張的東風而一飛沖天，當年就賣出了兩百萬件。在隨後的第二年，這一數字上升到了八百五十萬件。這讓 Uniqlo 的所有員工都大呼不可思議。在每一季開季之前，Uniqlo 都會先行預測商品的銷量，然後再根據預測的結果向生產廠商下單。但雙面刷毛的熱銷程度超出了所有人的預料，二〇〇〇年的統計結果顯示，當年雙面刷毛服飾賣出的數量狂飆到了兩千六百萬件。如果根據最初的訂單量生產，必定會造成供不應求的現狀，所幸藉助於迅銷公司的有力調控，最終這一數字變成了奇蹟。

因此，不是市面上的每一件衣服都敢於叫「Uniqlo」。Uniqlo 的服裝，已經不單單是一件簡單的休閒服飾，其名字背後更蘊藏著難以企及的企業實力。儘管每一個企業在預先向工廠下訂單的時候都會把銷售數估計得樂觀一些，以避免造成追加訂單的不便利。Uniqlo 的做法卻顯得如此與眾不同。

二〇〇〇年開張之前，柳井正雖然把這一年雙面刷毛的銷售量非常樂觀的預估到了兩千萬件，但真正開張之後，他很快就發現自己估算的這一數字還是太過於保守。所以 Uniqlo 很快就把訂單追加到了兩千六百萬件。在修正了預估數字之後，剩下的事情就是隨時根據市場的需求再做相應調整。面對預估數字和實際銷售數字之間存在誤差這一不可避免的現狀，Uniqlo 憑藉的是獨特且敏銳的市場嗅覺，從而保證了生產線能夠配合銷售第一線的臨時調整。而不得不重新提起的是，這依舊是「SPA 模式」的功勞。

正是藉助於「SPA 模式」的功力，才讓柳井正一步步實現著自己的奮鬥目標。而 Uniqlo 和六十家生產工廠之間的長期合作關係，若是脫離了「SPA 模式」，也必定無法一直保持著緊密的配合，從而實現生產和銷售之間的平衡。而令人耳目一新的「匠計畫」，再加上「單一商品大量生產」的策略部署，使得 Uniqlo 在實現了產品高品質的同時，又保證了一貫低價的優良作風。

不是每一件衣服都叫「Uniqlo」，敢於以 Uniqlo 的模式經營生產的公司少之又少。這一個來自於日本的傳統男式西裝店能夠在柳井正的帶領下，逐步在世界舞台上展現出其獨有的光輝，靠的是過硬的品質。用品質打動人心，才是 Uniqlo 最本質的概念。當柳井正和迅銷公司裹挾著物美價廉的服裝進軍全球的時候，Uniqlo 的品牌也在此時開始迅速崛起，並且已經逐漸成長為天空中亮眼的啟明星。

第四章 實力主義：品牌崛起的催化劑

◈價格是決定成敗的關鍵◈

Uniqlo 的低價銷售早已經成為人盡皆知的祕密，因為成功運用了「SPA 模式」，這樣就可以保證 Uniqlo 能夠一直保持低價的策略，並且還能夠保證品質在店鋪中銷售。然而，柳井正卻強調說，價格一直都是決定成敗的關鍵。

柳井正沒有提到產品的品質，而是單單把價格拿出來，以證明 Uniqlo 服裝的暢銷性。畢竟，價格是所有消費者在選購服裝的時候首要考慮的因素。低價策略，也正是 Uniqlo 能夠迅速崛起的祕密之一。

經濟學中的一個基本概念是，價值決定價格，而價格是價值的直接反映。Uniqlo 成立的最初，就一直有人懷疑其售賣的服裝是不是屬於不良品，否則不可能以如此低廉的價格銷售。柳井正曾經說：「只有商品的『本質』，才能讓人感動。」這裡的「本質」指什麼？大多數人會理所當然認為，「本質」必然是指商品的品質。品質好的衣服，才會讓消費者喜歡。以柳井正的觀點來看，這樣的理解未免太過於片面化。

對任何一個消費者來說，他們關心的本質應該是自己口袋裡面的錢能不能夠承擔起服裝的售價。然後才是在自己可以承擔的範圍之內，去選購相對來說品質最好的衣服。所以說，價格永遠都是決定成敗的關鍵。只有把握住了價格的因素，堅守銷售價格的最底線，才能拉攏更多的消費者。只有這樣做才能夠有機會去和消費者再去談服裝品質的問題。

現代經營學之父彼得．杜拉克曾經針對企業的本質做過如下解釋，他說：「企業經營的有效定義只有一個，那就是『顧客的創造』。」柳井正非常推崇杜拉克的企業經營理念，在杜拉克思維的指引下，他認為一個企業想要賣什麼商品、以什麼樣的方式去銷售商品，完全取決於顧客的需求。在開店營業之前，必須先要考慮消費者想要的是什麼，在這個基礎上才能為自己的商品創造出「附加價值」。

用最簡單的話來說，如果經營的是西裝店，就要為顧客提供最有品質的衣服；如果經營的是蔬菜生鮮超市，就要為顧客提供新鮮安全的食品；如果經營的是雜誌報紙，就要為顧客提供最及時的新聞資訊。這是作為經營者來說，能夠使自己的生意更上一層樓的根本所在。但永遠不能忘記一點，價格的因素影響著你經營產品的品質的好壞。能夠以低價維持高品質商品的經營，才真正稱得上是高「性價比」的商品。

那麼，產品的競爭到底在爭什麼？答案是，產品競爭爭的是哪一個商家能夠最大限度滿足客戶的購買欲望。誰能在這個過程中占到了頭牌，誰就擁有了廣泛的客戶群體，進而成為產品之王。客戶的購買欲望是什麼？他們的購買欲望很多，但價格低、品質好是永恆不變的主題。購買欲望可以分為兩種：一種是價值高，另一種是價格低。也就是說，只有物美且價廉的商品，才是顧客心底最根本的需求。

因此，顧客在購買商品的時候，對價格和品質的需求是統一的。「性價比」的概念，即是用來衡量顧客需求滿意度的最有效的工具。顧客的購買欲望決定了產品競爭的內容，所以如果顧客追求高價值，那麼包括 Uniqlo 在內的所有企業都會生產出高品質的產品以滿足顧客的需求。但同時顧客還對低價格有著明顯的需求，能夠做到這一點的企業就顯得鳳毛麟角。Uniqlo 從一開始就秉承的低價策略，此時顯得格外珍貴。儘管在最初也曾經經歷過品質低劣的低谷時期，但在經過所有 Uniqlo 人的努力奮鬥之後，當對品質的保證已經成為必須，Uniqlo 還能夠保持低價，絕對是實力的象徵。

此時，表面上看 Uniqlo 和其他競爭對手打的是「價格戰」，但隱藏在價格背後的是一家企業的整體實力水準。Uniqlo品牌的崛起靠的是低價，但Uniqlo品牌的延續絕不僅僅是因為低價。「價格戰」和「價值戰」都要打，才是能夠成功吸引消費者且保證企業可持續可迴圈發展的策略。單純提高商品的品質或者降低商品的價格，必然會帶來其他方面的虧損。這背後隱藏的是巨大的產業鏈條，絕不僅僅是在價格上幾百日元的浮動區間。

「微利時代」是打「價格戰」打出來的，「價格戰」是進入「微利」時代的階梯，是企業進步的表現。但即便是「微利」，也不能放棄產品的品質關，如此才是一個成熟企業應該具有的風采。

而在打「價格戰」的同時，也永不放棄打「品質戰」。因為，價格雖然是決定成敗的關鍵，但品質才是決定成敗的根本。

◈為顧客創造◈

最初，人們對Uniqlo的概念是「這是一個販賣平價休閒服飾的企業」。儘管避免不了這樣的錯誤定義，但柳井正從來沒有因此而懊惱過。他說：「在平價銷售之前，製作好的商品，讓各式各樣的人願意花錢購買，才是Uniqlo最根本的理念。」從這句話中可以看出，雖然是低價銷售，但Uniqlo追求的永遠都是高品質的衣服，低價只是其吸引消費者進店的噱頭，並且正是因為具備了低價的實力才讓Uniqlo的服裝敢於以讓常人跌破眼鏡的價格上市銷售。

站在消費者的角度去考慮經營策略，是每一個企業都應該做到的姿態。消費者需求的是如何才能夠在一家商店裡面買到價格便宜並且優質的產品。單純以低價作為吸引，顯然並不是長久之計。企業想要創造出顧客需要的模式，就先要考慮自己應該賣什麼樣的商品，認真思考究竟什麼樣的商品才能讓顧客覺得物有所值。Uniqlo的成功點在於，其不僅僅把低價和高品質完美結合在一起，並且還在最短的時間裡用最快的速度保證了產品供應。

在如何讓消費者進店購物時能夠體驗到物超所值的購物樂趣這一點上，柳井正指出，只要提供給顧客具有附加價值的商品，就能夠牢牢抓住顧客的心。在柳井正的觀點中，附加價值的定義應該是這樣的：「創造附加價值，就是做出前所未見的東西來。」要完全首創，並且還要具有唯一性，這所要擔任的風險絕不是兒戲。在時尚風潮之下，如果嗅覺夠靈敏，則很有可能會因此而大賺一筆，如果嗅覺失靈了，那麼就有因此而傾家蕩產的可能性。

柳井正把這一經營思路稱之為「顧客的創造」。顧客是上帝，顧客所主導的市場更應該像是啟明星一樣指引著Uniqlo前進的方向。杜拉克曾經說過：「企業的目的，通常存在於企業本身以外。」柳井正對這句話的理解是：「只把上門的消費者當成目標群體，永遠無法創造更多的利益。所以Uniqlo應該視為目標顧客群的，是那些還沒上過門的消費者。為了要吸引這些未曾謀面的客人上門，有必要開發出讓更多人出現『想要』感覺的商品來。」

這句話完全暴露了柳井正的野心，已經上門的消費者，也就是那些購買過Uniqlo服裝的消費者，柳井正完全有信心憑藉Uniqlo低價高質的服裝留住他們的心。此時，他的目標在於那些單純聽過或者沒有聽過Uniqlo的人身上。這些人才是潛在的市場，是Uniqlo應該力圖去爭取到手的消費力所在。若是能夠設法滿足這些潛在消費者的需求，Uniqlo將會開拓的必是一大片新的天空。

同時，在柳井正經營Uniqlo的過程中，他還深深感受到一點，如果只是提供給消費者價格和品質上的需求，並不等同於滿足了顧客的消費需求。一個優秀的企業，在了解了潛在顧客之後，還要了解到既有顧客的潛在消費需求。把這些潛在需求商品化，也就等於是創造出一種符合顧客潛在需求的新商品，在令消費者感到驚訝的同時，才能使其產生愉悅且完美的購物體驗。

創造，才是商業競爭中不斷增加商品附加價值的最有力籌碼。

繼續以Uniqlo所有產品中具有傳奇色彩的雙面刷毛服飾為例，其突破消費者預期的低價格和恰到好處的宣傳手段都是外在因素，真正起到決定作用的是這種全新的服飾完全滿足了消費者對輕薄且保暖服飾的潛在需求。滿足第一點之後，再經過豐富的配色和各種款式設計，使得雙面刷毛服飾的熱賣成為一種必然。

一件新商品的開發，不應只站在企業利潤的角度去考慮問題。商品最終是要賣給消費者的，只有消費者的使用體驗才是新商品應該繼續做何種開發的最終導向。設身處地去思考消費者到底想要什麼，是至關重要的一件事情。因此，柳井正會一而再、再而三強調說：「在Uniqlo中，最具有發言權的人不是社長，而是消費者。」因為消費者即是市場，是自己真正的衣食父母。

柳井正曾說：「賣衣服就和鈴木一朗的安打紀錄一樣，一件一件累積，看起來不起眼，卻是最重要的工作。」長時間在商海裡摸爬滾打，浸染了過多的商業氣息後，很容易讓人忘記自己最初的夢想。柳井正不無感慨回憶說，自己也總是會忘記了當初開店的初衷，當看到今天的成就時，總是以為顧客會自己上門來消費。痛定思痛，柳井正才會把那些只為了追求股東利益的企業家們稱之為「忘記企業使命的經營者」。

每一個企業家，都應該有自己的使命。站在資本積累上，沒有人會不為自己的利益而奮鬥，但自我的利益卻不能夠代替消費者的利益所在。「企業唯一的使命，就是提供給消費者需要的商品。」柳井正再一次強調說。這樣說，似乎有悖於資本主義的立場，並且和公司的基本利益格格不入。但正像柳井正一直堅持的理念一樣，Uniqlo 能夠不斷研發出新的服裝款式、不斷創造出新話題，憑藉的唯一指向就是消費者的需求。滿足顧客的要求，正是促進企業進步和改變的基點。

Uniqlo 從一個平常的休閒服裝品牌變成日本國民品牌的雙面刷毛服飾，創下了史無前例的奇蹟銷量。本著「為顧客創造」的理念，平價牛仔褲策略於二〇〇九年啟動了，Uniqlo 在這一款服裝開發的過程中，還把連鎖超市業也規劃到了策略計畫之中。經過知名設計師的加工再創造，Uniqlo 在市場的指導下，正在以超越所有人想像的速度日益滿足消費者各種不同的潛在需求。

並且，Uniqlo 還憑藉自己敏銳的市場觀察能力，每一天都在為自己創造新顧客群體。

◈雙面刷毛傳奇背後的祕密◈

不管是談到 Uniqlo 的企業實力，還是單純去評論 Uniqlo 服裝的品質，永遠都避不開一個話題──雙面刷毛服飾。

Uniqlo 的經營哲學可以簡單概括為「本質讓人感動」。即便處於生意最低谷的時期，Uniqlo 都一直在堅持做「好產品」的本質。而這一種堅持，第一次讓 Uniqlo 獲得空前的成功就是在原宿店開業時期推出的雙面刷毛服裝上。

僅僅用了兩年，雙面刷毛的銷售量就從剛上市的兩百萬件變成了兩千六百萬件。在整個日本服裝業，還從來沒有出現過單一成衣商品能夠在短時間內積聚如此高的人氣，並且也沒有實現這麼誇張的銷量的先例。這樣的數字幾乎令人無法想像，在兩年的時間裡，Uniqlo 賣出的雙面刷毛服裝的總銷量相當於日本十分之一的人口數量。

因此，才有了是雙面刷毛把 Uniqlo 變成日本國民品牌的說法。

當人們還在對雙面刷毛的銷售數字讚嘆不已的時候，柳井正卻淡然說道：「好的東西，一定會大賣的。」這是柳井正和 Uniqlo 的經營哲學。雙面刷毛上市銷售的過程，沒有人比 Uniqlo 的一把手柳井正更清楚了。從最初的市場調研，到原材料購買、生產和加工，以及物流的配送、上市的推廣，柳井正對每一件事情都一清二楚。但他並沒有把雙面刷毛服飾的成功歸於自己身上，他說這一切除了有運轉良好的銷售體系配合之外，還和Uniqlo每一位員工的無私奉獻密不可分。

其實，雙面刷毛的成衣材料在日本服裝界算不上新鮮品項，Uniqlo在把大量的雙面刷毛服飾推向市場之前也曾經小範圍試驗過。他們推出的雙面刷毛系列外套，因為輕薄短小，並且保暖性高，曾經被業界稱之為寒冬季節最好的保暖服飾。然而，直到Uniqlo原宿店開業時締造了雙面刷毛神話，日本服裝界尚且沒有一個人意識到這樣的服裝能夠做到大批量生產。

原因很簡單，雙面刷毛並不是日常製衣的紡織布料，大批量生產出來的雙面刷毛服飾成本高，絕不是普通消費者能夠購買得起的。但柳井正偏偏不信這個邪，他依舊秉持著「好的商品，一定會大賣」的信念，憑藉著一腔激情開始尋找合作廠商。一個企業，把自己的命運押在了合作廠商身上，這樣冒險的行為需要巨大的勇氣。柳井正似乎認定自己看到了一個絕好的商機，因此他才不去計較自己是不是冒著傾家蕩產的危險。儘管企圖創造驚人利益的想法是好的，但若是在執行過程中出現任何差錯，就可能會功虧一簣。所幸，整個計畫都在柳井正的操控中，而他也絕對有把握讓雙面刷毛服飾一飛沖天。

其實，當初雙面刷毛叫好不叫座還有另外一個原因。因為之前雙面刷毛是滑雪服飾專用材料，為了便於在皚皚白雪中易於辨認，最初的雙面刷毛材料只有紅色和深綠色兩種。再加上一件雙面刷毛服飾的售價也確實不菲，除了極少數登山愛好者和一些對雙面刷毛服飾有著更深了解的人購買之外，這樣高品質的服裝竟然無人問津。柳井正似乎為 Uniqlo 可以批量生產雙面刷毛服飾找到了足夠的理由，他認為當下生產的雙面刷毛服飾完全和時尚扯不上關係，對消費者無法形成足夠強大的吸引力。

雙面刷毛的原材料只有一千克，在輕便的同時又很好避免了嚴寒的侵襲，所以當時能夠買得起雙面刷毛服飾的人也大多把其當成了一件保暖內衣來穿。許多人都把雙面刷毛服飾穿在厚厚的外套之中，也正是因為這一點，才決定雙面刷毛的服飾根本就不需要太過於花哨的款式和色彩搭配。

但只要到了 Uniqlo 手中，傳統的雙面刷毛完全變了樣。柳井正希望能夠用色彩上的變化來為雙面刷毛服飾增添一些時尚感，從而讓呆板的雙面刷毛服飾能夠重獲新生。

最後的結果，完全是一個奇蹟。東京原宿地區是日本的流行時尚的指標所在地，Uniqlo 僅售一千九百日元的雙面刷毛服裝一上市，就遭到了居住在原宿附近的消費者瘋搶。這一股搶購旋風很快就從東京刮到了日本各地，柳井正回憶起這段往事的時候說：「原宿有著各式各樣的商店，賣著各式各樣的商品，我們徹底思考著，要陳列什麼樣的商品，才能讓顧客滿意；而且要讓他們充滿驚喜購買我們的商品。不只是單純的防寒服飾，而是充滿時尚感，還能以低價提供的成衣是什麼？答案就是雙面刷毛服飾。」

以往單調的雙面刷毛在Uniqlo工匠的巧手下變成了具備領銜時尚功能的潮流指針，原宿店一開張Uniqlo就率先推出了十五款不同色彩的雙面刷毛服飾。到了二〇〇〇年的時候，Uniqlo店鋪售賣的雙面刷毛服飾的配色已經超過了五十種。越來越豐富的色彩讓人們對雙面刷毛固有的觀念開始發生轉變，這不再是一件普通的保暖內衣了，它更像是被消費者買回家去做各種時尚搭配的備料。再加上Uniqlo慣有的品質保證，顧客選中的任何一件雙面刷毛服飾都不會出現掉色、脫線等品質問題。

既便宜，又能夠抵抗寒冷，同時還領銜了時尚潮流，Uniqlo的雙面刷毛服飾根本就沒有不熱銷的理由。

而在Uniqlo的雙面刷毛服飾熱銷的同時，其他商場同樣的雙面刷毛服飾店面前卻是門可羅雀。細心的顧客一眼就能看到，Uniqlo的價格幾乎是這裡的五分之一。

雙面刷毛的成功，對 Uniqlo 來說不僅僅是一個傳奇，更像是一堂因為全新嘗試而使之具有典型意義的課程。消費者認為俗氣的雙面刷毛服飾僅僅因為 Uniqlo 在顏色上做了少許變化，就能熱銷，這背後的祕密的確值得深究。

其實，原因很簡單。柳井正是一個對時尚十分敏感的人，他之所以說雙面刷毛的成功和 Uniqlo 成熟的生產、銷售體系密不可分是不無道理的。一旦最底層的店員把顧客對於雙面刷毛產品的反應傳達到總部，迅銷公司就會馬上動員所有人思考當下的問題。再加上具有 Uniqlo 鮮明特性的生產鏈條的技術加工，想要把雙面刷毛的生產成本降下來並非難事。

這其中最關鍵的一點，也是柳井正最想要感謝的一點，就是 Uniqlo 員工對潛在消費者和消費者的潛在消費傾向的準確判斷。他自嘲說，自己所做的事情就是讓這一判斷變成了事實而已。

這樣的成功，從另一方面暗示出 Uniqlo 管理模式中的另一個亮點。柳井正曾說過，在 Uniqlo 最重要的不是高層管理者，而是基層中每一天都要和客戶接觸的 Uniqlo 員工。只有基層的店員，才最了解顧客需要什麼。顧客的需要，就是企業的需要，基層的員工正是管理者和顧客之間有效溝通的橋梁。

一九九八年原宿店的開業，讓 Uniqlo 成功打入了日本流行產業聚集的兵家必爭之地。原本只在關西地區具有知名度的Uniqlo憑藉雙面刷毛的熱潮成功入駐原宿，並且創造了持續熱議的新話題。在Uniqlo成功的宣傳策略下，許多日本人都認為「雙面刷毛就等於時尚」。這是Uniqlo對整個日本流行文化的改變，也是其本身所具有不可小覷的軟實力的象徵。

而更加不可思議的事情是，Uniqlo的原宿店，竟然只賣雙面刷毛一種服飾。如此大膽的經營手法更讓業界的人們嘖嘖稱奇。同時，也因為柳井正這獨具一格的銷售模式，不但帶給了顧客最大的視覺衝擊力，還開創了Uniqlo經營史上最輝煌的篇章。

◈穿衣服的人是永遠的主角◈

儘管後來雙面刷毛服飾成了Uniqlo的救命稻草，但在原宿店開業的宣傳期並沒有鋪天蓋地去宣揚雙面刷毛服飾的種種好處。在平面廣告上，Uniqlo只是簡單打出了「雙面刷毛，一千九百日元」的標語。沒有更多更詳盡的產品介紹，沒有店鋪的說明，也沒有銷售期限的標注，這樣的平面廣告簡潔得讓人猜不透柳井正到底要玩什麼心思。

這樣的廣告手法，恰恰暗合了佐藤可士和為Uniqlo量身定做的「減法哲學」。雖然當時佐藤可士和與 Uniqlo 之間還沒有任何合作關係，但這就像是提前為兩者之間的合作埋下伏筆一樣，別出心裁的廣告設計反倒為 Uniqlo 的原宿店引來大批量顧客。

「掌握事物的本質再加以強化，讓事物的本質更加純真、自然」，這是佐藤可士和的「減法哲學」的核心內容。轉換到 Uniqlo 的經營理念上，可以理解為服裝的本質永遠都是在為消費者服務，只有穿衣服的人才是永遠的主角，Uniqlo 的服裝永遠只做顧客穿衣理念的零件。

而雙面刷毛的特別性，並不僅僅在廣告設計上。在雙面刷毛服飾的款式設計上，也可以很明顯看出其「減法哲學」的應用。顧客在選購雙面刷毛服飾的時候，許多人驚訝的發現這些衣服在外觀上似乎都一樣。儘管雙面刷毛有著強大的禦寒功能，但在外觀上捨去了一些設計項目之後，反倒讓這樣的服裝以最簡單、樸素的方式呈現在消費者面前。

柳井正針對消費者的疑問，他再一次重申自己的信念，「只有商品的本質，才能讓人感動」。雙面刷毛服裝的出發理念是保暖禦寒，之所以沒有在雙面刷毛的款式上做過多的設計，是因為柳井正不想讓這樣一款優秀的服裝被所謂的「潮流」牽著鼻子走。想要保持住最根本的樸素並不是一件容易的事情，但只有堅守陣地，才能讓消費者不但穿得上雙面刷毛的服飾，還可以把自己購買的雙面刷毛服裝與其他服裝搭配起來，真正做到了「百搭」的概念。

Uniqlo 在雙面刷毛服飾銷售的過程中，始終沒有放棄雙面刷毛是用來保暖的這一基本概念，也正是因為其簡潔的設計，才讓雙面刷毛的服飾在長達數年的時間裡都不會顯得過時。這從另一個側面為消費者省下了不少購物資金。畢竟，在購買了一件雙面刷毛服飾之後，也就沒有必要再每年都買進同一款式的衣服了。穿衣服的人是永遠的主角，這句話不單單是應用在 Uniqlo「百搭」的理念上，凡是有利於消費者的一切措施，柳井正都願意去嘗試。因為他明白，只有滿足了消費者的購物需求，讓消費者真正滿意，才能讓 Uniqlo 有著可持續發展的軌跡可循。

雙面刷毛服飾能夠讓 Uniqlo 在全日本掀起一股紅色旋風，靠的是商品品質有足夠保證，並且價錢突破了人們心理預期值底線的策略。把原本屬於登山和滑雪專用服裝材料的雙面刷毛轉變成人們常見的休閒服飾並不算是超理念，但出乎意料的宣傳手法和款式設計卻起到了刻意強調雙面刷毛服飾禦寒特點的作用。本質才能打動人心，把每一個進 Uniqlo 購物的消費者當成是真正的主角，才是 Uniqlo 品牌能夠一直延續的源泉。

◈唯變不破◈

在開發任何一種新款式的商品之前，都需要先掌握好消費者的訴求點。一件新款服飾上市之後能否達到預期的銷售規模，和商家能否把握好消費者的訴求密切相關。Uniqlo 一直堅持穿衣服的人才是主角的理念，堅持立足於把握消費訴求這個概念。在舞台上，所有的配角都是用來襯托主角的；在 Uniqlo 的舞台上，所有的服裝都是配角，它們的任務只有一個，就是襯托出穿衣服的人的性格和氣質。

滿足顧客的消費需求，才能讓店鋪逐步走上營業正軌。

然而，在所有的消費訴求理念中，低價無疑是第一位的。一件商品價格的高低，很大程度上決定著這件商品的銷量到底有多少。然而，一個成熟的消費者絕不僅僅只關心服裝的價格，隱藏在價格背後的是服裝的款式、色彩、材質等內容。因此在被問及自己是如何把握消費者百變的口味時，柳井正可以很坦然的給出最佳解答。他說：「重視衣服的素材，尤其是素材功能面的開發。」

如此簡單的回答，卻正是 Uniqlo 為什麼能夠實現「百搭」理念的原因所在。雙面刷毛是「百搭」的最好典範，柳井正一直堅持讓 Uniqlo 的服裝只充當消費者「百搭」概念中的零件，但其同時也沒有放棄對新素材的開發。針對這一點，雙面刷毛服飾依舊還是最好的例子。

在雙面刷毛服飾大獲成功之後，Uniqlo 並沒有停下開發新素材的腳步。柳井正希望自己的員工能夠找出一種新的素材，再加上 Uniqlo 慣有的低價購買最好的服裝的銷售噱頭，並且還有雙面刷毛服飾大獲成功的前例，如果能夠再掀起一場新的 Uniqlo 風潮，將是所有人都希望看到的最好結果。但事實上，這樣的事情想要實現並不那麼容易。雙面刷毛的成功帶有很大的偶然性和不可複製性，在 Uniqlo 後續的努力之中，除了二〇〇四年的「喀什米爾毛衣」熱賣了一百六十萬件之外，尚無其他可以和雙面刷毛服飾相提並論的商品可以被當做範例。

Uniqlo 創新的腳步並沒有停下來。雙面刷毛服飾的熱潮終會過去，如果 Uniqlo 想要繼續保持日本國民品牌的名號，就必須要開創出一種全新的替代商品。這只是時間的問題。柳井正說：「Uniqlo 曾經創造過『雙面刷毛熱潮』，不過我們可不能因此滿足，因為凡事一定會有因果。當熱潮開始，就要想著熱潮結束，我們必須往下一步走。」此時的 Uniqlo，也開始面臨另一個難題。

自從雙面刷毛的熱潮逐漸褪去之後，迅銷公司的年銷售量也開始下滑。公司的業績在二〇〇一年八月分的時候還能夠實現四千一百八十五億日元，利潤有一千零三十二億日元。可是在一連串委靡不振的銷售業績後，營業額的數字變成了三千八百三十九億日元，而利潤收入也只有原先的一半，變成了五百八十六億日元。

Uniqlo，只做服裝的零件。這句話似乎不再適應當下的現實了。曾經創造雙面刷毛令人難以置信的輝煌的 Uniqlo 會不會從此倒下，似乎成為一個迷思。過多重複以往的成功，和長時間的一成不變，讓 Uniqlo 幾乎成為固執和呆板的代名詞。一家企業，如果長久以自己的經營思路去維持營運而完全忽略了消費者消費理念的變動，就一定會被時代遠遠甩在身後。縱然具備強大的實力和後盾，也永遠不可能和眾多顧客所擁有的消費力相抗衡。企業一旦和消費者之間的距離變得疏遠，就會被遠遠落下。想要重新起飛，需要的不僅僅有勇氣和謀略，更是尖銳的時尚嗅覺和稍縱即逝的時機。

此時的 Uniqlo，也在努力尋找著讓自我品牌再次崛起的新方法。

◈變革力是最大的實力◈

縱然每個人都知道 Uniqlo 的服裝便宜且品質很好，但長久以來沒有新品推出，老品牌在款式上也沒有太多的變革，人們對Uniqlo的熱情開始退燒。所有的Uniqlo員工都意識到，公司必須要進行一場徹底的變革了，否則很難改變當下的經營困境。

柳井正思來想去，決定把最後的出路依舊放在效仿雙面刷毛成功的模式上。儘管在商品素材上的創新一時間並沒有太大的突破，但這也是一條既可以保持住Uniqlo簡潔風格同時又不會讓嘈雜的款式設計起到喧賓奪主作用的唯一出路。

當回顧這段往事的時候，柳井正說自己經常掛在嘴邊的一句話是：「不以讓消費者驚訝作為前提，可是不行的。」想要讓消費者大吃一驚的想法，因為種種原因，一直成為不了現實。看起來，Uniqlo專注於產品素材開發的策略已經到了窮途末路。二〇〇五年九月，已經宣布隱退三年的柳井正，在幕後再也沉不住氣而選擇了重新出山。當他再一次坐在Uniqlo社長的位置上時，他先為自己設置了兩個最大的敵人—西班牙的ZARA和瑞典的H&M。

既然在日本市場上暫時不可能有更大的作為，柳井正選擇了一個相對來說更加具有冒險性的策略，他把Uniqlo的經營方向開始向國際市場轉移。有了ZARA和H&M的珠玉在前，柳井正既然把這兩位當成了假想敵，也就不免要展開強大的競爭之勢。並且，ZARA和H&M都是世界知名的時尚品牌，柳井正這一次要把Uniqlo往時尚的路上牽引已經是毫無懸念的事情了。

柳井正自己說：「消費者在購買商品的同時，也買進了商品的形象或商品的附加價值。」他依舊把雙面刷毛的服飾當做範例來解讀，消費者在購買雙面刷毛的時候，除了滿足了自己對保暖的需求之外，還在無形中學到了配色、服裝搭配等知識。這是一件商品潛在的消費價值，並不是只有文化產品才具有的特殊標誌。柳井正認為，如果 Uniqlo 的衣服可以立足時尚界的話，那就一定要讓購買 Uniqlo 服裝的消費者同時還能夠買到最潮流的時尚資訊和時尚理念，而不是簡簡單單的一件衣服。

在迅銷公司的經營理念中，有一點是：「真正好的衣服，是創造服裝未曾出現過的新價值，提供給世界各地不同地區的消費者相同的消費體驗，即穿到好衣服時的快樂、幸福和滿足。」此時，當初「服裝零件」的概念正在悄悄發生轉變，Uniqlo 的衣服不再只是為了滿足消費者容易去搭配其他品牌的服裝而存在了，柳井正希望購買 Uniqlo 服裝的人能夠真正以自己穿的是 Uniqlo 為驕傲，從而真正讓 Uniqlo 的服裝超越零件的價值，真正變成一種潮流和時尚。

但同時，柳井正並沒有完全放棄「服裝零件」的概念。在他看來，ZARA 和 H&M 是時尚品牌，但他們的缺點是過於追求潮流，以至於讓消費者覺得自己購買這兩個品牌的服裝像是在消費速食品牌。等潮流一旦褪去，消費者所購買的這兩個品牌的衣服就很少能再穿出去了。Uniqlo 是以低價且平民的休閒服飾發家的，現在依舊不能拋棄當初開店時的最基本立意。

服裝的本質是舒適感，Uniqlo 不能捨本逐末。

因此，Uniqlo 此時的做法是，既要保持穿著服裝的舒適感，又不能喪失休閒服裝的功能性，同時還要最大限度展示出潮流和時尚。柳井正再一次強調了「服裝零件」的概念，他說在 Uniqlo 提供的商品中，每一件都是服裝的配件，任何消費者都可以根據自己的喜歡和心情來選擇穿不同的衣服。但不同的是，即便 Uniqlo 和其他的品牌之間實行「百搭」，但 Uniqlo 絕不會因此而成為消費者身上的陪襯品。超越服裝零件的價值，意味著 Uniqlo 不僅僅是一件流行的服飾，當消費者把衣服穿在身上的時候體現出來的是自己與眾不同的品味和時尚理念。如果真的要做「零件」的話，Uniqlo 更希望自己是消費者穿衣品味的陪襯，而不是其他品牌服裝的配件。

滿足了消費者的需求之後，Uniqlo 依舊堅持著提高服裝品質，保持低價的策略，再加上具有時尚感的設計項目，新鮮出爐的 Uniqlo 服裝再一次回到大眾的視野。回溯這一次從低谷走出來的歷程，柳井正不無感慨的說，自己真正期待的 Uniqlo 服飾不是廉價品也不是高檔品，而是能夠真正代表 Uniqlo 的經營理念、代表消費者時尚概念的服裝，但不管何時，要創造流行，就必須從顧客的角度出發。滿足消費者的時尚理念，對顧客來說才是最合適的服裝。

透過這一次的改變，Uniqlo不僅成功重新吸引住消費者的目光，更征服了眾多的潛在消費族。

Uniqlo的受眾群體一天天在壯大，說明的正是Uniqlo本身不容小覷的實力主義。群眾的眼光總是雪亮的，Uniqlo能夠走多遠，柳井正完全有信心等待著每一個消費者的檢驗。

第五章　一勝九敗是最大的思考術

◈做金融海嘯中「會游泳的人」◈

進入二十一世紀之後，Uniqlo 經營狀況的下降成為不爭的事實。正當柳井正還在思考應該怎樣做才能為 Uniqlo 注入新活力的時候，全球金融海嘯爆發了。世界知名企業在金融風暴中紛紛下馬，《富比士》雜誌的富豪排行榜也發生了翻天覆地的變化。柳井正，正是在如此巨變的環境中攀上了日本新首富的位置。

鑑於長期以來 Uniqlo 沒有當家品牌服飾的尷尬境地，Uniqlo 不得不開始把工作重心向幕後策劃轉移。只要能夠在這一場金融風暴中開發出具有足夠衝擊力的商品，Uniqlo 就能夠在一夜之間拔得頭籌。此時，和雙面刷毛服飾有著異曲同工之妙的發熱衣「Heattech」誕生了。

最初，Heattech 的材質主要被用在製作冬季運動衣上。Heattech 材質的衣服可以吸收人體因為出汗而造成的水蒸氣，從而讓衣服自我發熱，以抵抗冬季的嚴寒。即便再寒冷的天氣，只要穿上一件 Heattech 內衣，外面套一件長袖 T 恤就可以輕輕鬆鬆去逛大街了。對於不喜歡厚重棉衣的年輕消費者來說，Heattech 材質比雙面刷毛更有吸引力和科技感。

在 Uniqlo 研發 Heattech 材質之前，市面上早已經有了相應的產品，並且售價僅在四千日元左右。Uniqlo 即便透過自己的生產、銷售模式的再創造，也無法把 Heattech 材質的衣服降到更低的價格。也就是說，和市面上同類型的服裝作比較，Uniqlo 並不存在價格上的優勢。而存在的唯一突破點是，市面上既有的 Heattech 服裝，卻被人們戲稱為「阿婆牌衛生衣」。

原來，這些 Heattech 服裝因為材質的原因而顯得硬邦邦的，並且在款式上也缺乏足夠的流行元素，誰要在東京的街頭穿著這樣一件衣服出現，準會被人們嘲笑是最沒有穿衣水準的人。存在缺點，就證明存在著進步的空間。柳井正又看到了當年雙面刷毛服飾上市之前的先兆。他發動 Uniqlo 所有的員工開始對 Heattech 服飾執行企劃工作，目的只有一個，改良舊款的 Heattech 服飾，為其創造新生的機會。

最後得出的結果是，透過「色彩」的概念 Uniqlo 重新定義 Heattech 服飾。並且由於新科技的應用，Uniqlo 研發出來的 Heattech 服飾不僅具有保溫的作用，還添加了保濕的功能來對抗冬天乾燥的氣候。主管 Uniqlo 女性商品部門的白井惠美小姐說：「Heattech 的成功，最為關鍵的因素就是在保濕性。因為冬天不只會冷，空氣乾燥還會讓肌膚發癢，所以開發不只能保暖、還能保濕的衣物，是我們的第一步。」

Uniqlo 僅僅透過色彩的變化和高科技的融入，就使得原先根本不被人們看好的 Heattech 服飾成功吸引了眾多年輕人的購買欲望。儘管 Heattech 服飾屬於內衣系列，但 Uniqlo 的 Heattech 一改內衣單調的款式和色彩，遠遠看去，誰也不會料想到這些色彩繽紛的服飾竟然是穿在外套裡的內衣。

借力於 Heattech 服飾的熱賣，Uniqlo 二〇〇九年的營業額比上一年度增長了百分之三十二，並且還一舉拿下了自從開創 Uniqlo 店鋪以來的單月最高營業額的紀錄。在世界經濟持續低迷的階段，Uniqlo 的這個彩頭像是西洋骨牌一樣引發了一連串的蝴蝶效應。Uniqlo 的股價也因此而水漲船高，甚至飆升到一萬兩千八百三十日元，這是五年來 Uniqlo 股價的最高數字。

所有的媒體都認為 Uniqlo 的第二次崛起是得益於 Heattech 服飾的功勞。僅僅在二〇〇九年冬季，Uniqlo 就預訂下兩千八百萬件 Heattech 服裝。奇蹟再一次出現，在冬天還沒有到來的時候，部分款式的 Heattech 服裝就賣到了斷貨。如果說 Heattech 服飾是 Uniqlo 雙面刷毛服飾的翻版，絲毫不為過。

柳井正說：「只是一點點想法的改變，就能讓商品的可能性無限擴張。所以我們更必須從頭開始，保持著熱情去思考和研究，尋找各種商品熱賣的可能性。」這句話可以用發生在 Heattech 服飾上的數字變化來印證。最初的一整年時間 Heattech 服飾在整個日本只能賣出去不到十萬件，可是 Uniqlo 人卻用自己對於服裝的熱情改變了 Heattech，改變了人們對 Heattech 的消費態度。態度是行動的先決條件，透過 Uniqlo 的改變，Heattech 的銷量突破千萬件，這恐怕是任何一個休閒服裝從業者從來不敢去想像的數字。

柳井正也因此而成為了當年日本的新首富。

當他綜述自己如何從困境中扶搖直上的時候，他說自己其實一直都是站在消費者的立場去考慮問題。面對媒體，柳井正甚至會親自充當起推銷員的角色來介紹 Heattech 服飾。因為對 Uniqlo 生產的 Heattech 服飾完全有信心，柳井正堅持認為如果這樣一款特點如此鮮明的服裝不能夠大規模生產，將會是極大的遺憾。

過去幾年的低谷期，是柳井正不斷嘗試且不斷失敗的過程。錯了九次，就有了九次失敗的經驗，柳井正說。只有堅持九次的失敗，才能換來最後一次的勝利。能夠在金融海嘯中逆勢崛起，對 Uniqlo 來說靠的就是這一份不放棄的精神。儘管當時誰也不清楚最後的結果會如何，但堅持下去，總會有站在山巔的時刻到來。

◈將「天方夜譚」變為現實◈

儘管用雙面刷毛的成功證明了自己實力的不容小覷，儘管用 Heattech 的成功證明了 Uniqlo 具備逆流而上的實力，但正是因為 Uniqlo 的商品低於正常市價，雖然這對消費者散發出足夠的消費魅力，但終難逃脫「價格便宜」這四個字的魔咒。

這四個字，對 Uniqlo 來說是一把雙刃劍。在成功把眾多消費者吸引進店鋪之後，儘管 Uniqlo 一直在大力推銷「便宜有好貨」的概念，可在消費者眼中，「Uniqlo＝便宜貨」的想法一直未曾抹去。對於雙面刷毛來說，一千九百日元，絕對是任何人都不曾想像到的低價格。在 Uniqlo 的經營哲學中，用最低的市場價格來提供給消費者最好品質的商品，是其終極使命。但柳井正並不想 Uniqlo 因此而被貼上「低價」的標籤，儘管 Uniqlo 用創新贏得了消費者的青睞，但想要改變這一固有的形象卻難上加難。

在很多人眼中，Uniqlo之所以能夠用低價位在市場上營運，必定是用跳樓價的方式來甩賣。由此一來，人們雖然明知道Uniqlo的服裝並不是品質低劣的產品，但在慣性思維的影響下難免會覺得Uniqlo賣給自己的衣服是別人挑剩下的。柳井正試圖糾正這一說法，他說：「Uniqlo的商品賣得再好，如果只是因為『價格低廉』所以才會大賣，那麼對公司的未來，一點好處也沒有。」畢竟，在雙面刷毛服飾熱賣這件事情上，低價是其進入人們視野的首要概念，可是雙面刷毛能夠持續熱賣，就不僅僅是價格所能夠掌控的事情了。

柳井正說：「我們並不想做只有『便宜』才能算得上特色的衣服。」所以在雙面刷毛的熱潮逐漸退卻的時候，Uniqlo又全力開發出了Heattech服飾。一家店鋪能夠維持良好營運的原因在於其不斷滿足消費者日益變化的消費需求，而不是只用低價的誘惑來遮蓋自己一成不變的商品形態，所以迅銷公司會找來最好的設計師不斷去嘗試各種不同的新鮮素材。但再多的創新，也永遠不能讓Uniqlo新推出的服裝失去功能性和舒適度。擁有優秀的設計師，對Uniqlo來說是保證新款衣服高品質的基本前提。

然而，消費者的反應還是集中在產品的價格上，再加上媒體的誤導，不管Uniqlo新推出何種商品，消費者只關心產品的價格到底會低到什麼程度。柳井正擔心的事情是，如果未來有一天Uniqlo新款服裝的價格並沒有達到消費者的預期，那麼Uniqlo還能夠長期熱賣嗎？

為了終結「UNIQLO就是便宜貨」的成見，柳井正認為有必要在Uniqlo內展開一場變革。儘管許多員工都認為這純屬天方夜譚，因為Uniqlo是以低價而存在的，這是一個不爭的事實，消費者會產生這種錯誤的觀念也有著確鑿的來源。除非Uniqlo徹底改變自己的經營策略，否則幾乎難以撼動消費者現有的觀念。

然而柳井正還是想要去嘗試。二〇〇四年九月二十七日，在柳井正的提議下Uniqlo在日本各大報紙刊登了一則廣告，廣告文案中明確宣示「Uniqlo放棄低價」。柳井正親自在廣告中費盡氣力去解釋說：「Uniqlo在商品的企劃開發、生產管理到流通販賣等各個階段，花了不少工夫控制成本，才能把商品的販賣價格壓低。」他希望達到的目的是要讓消費者明白，Uniqlo儘管是用非常低的價格來售賣服裝，但這並不等於Uniqlo會因此而降低服裝的品質。

柳井正希望Uniqlo能夠憑藉這一份廣告，讓所有的消費者不單醉心於Uniqlo的低價格，並且還要痴迷於Uniqlo的高品質。柳井正的野心還在於，他想要讓Uniqlo在日本國內的休閒服裝領域中，始終以低價霸占市場，以高品質贏得口碑。

其實，柳井正和 Uniqlo 真正重視的問題不是「低價」，而是 Uniqlo 在消費者中的認同度。當透過認真調查顧客的需求，數千名員工絞盡腦汁推出一件新產品的時候，柳井正只是希望 Uniqlo 的服裝能夠得到足夠公正的評價。這和 Uniqlo 的競爭對手無關，競爭對手的服裝銷量的好壞，從來都不會影響到 Uniqlo 的自主定價。因為對自家服裝的足夠信任，Uniqlo 才敢於把競爭對手完全剔除在自己的價格策略之外。柳井正要做的，僅僅是讓更多的人走進 Uniqlo，尋求他們自己喜好的服裝。

對 Uniqlo 來說，真正的敵人只有自己。

一旦這一「天方夜譚」變成了現實，競爭對手只能跟在 Uniqlo 的屁股後面去調整自身的價格。Uniqlo 堅持的將低價進行到底的方式，是從來都不會動搖的經營策略。

◈勝敗公平，但非勝即敗◈

Uniqlo 的低價已經成為日本休閒服裝業定價的新標準，一些成衣企業迫於銷量的問題而強迫自己定出比 Uniqlo 更低的價位，這在無形之中掀起了一場血雨腥風的價格戰。每一家公司都試圖用低價來扳倒對手，如果被扳倒的成員中出現 Uniqlo 的名字，那更是意外之喜。

但這樣的事情終歸只是這些企業的一廂情願罷了。在價格戰中，Uniqlo 從來不是吃虧認輸的一方。多年的實戰經驗讓 Uniqlo 已經產生了一整條完全成熟的製衣體系，只要產業鏈營運得當，便完全不必為價格戰的事情擔憂。並且在這場價格大戰中，Uniqlo 一直都處於主導的位置。其他廠商的價格設定為多少，完全以 Uniqlo 為參考對象，但並不是每一家企業都擁有如同 Uniqlo 一般成熟的控制產業成本的體系。在經營策略上，Uniqlo 完全不必去擔心對方的競爭，想要靠價格來打倒 Uniqlo，需要的不僅僅是機遇和實力。

因此，一場價格戰之後，日本國內的休閒服裝產業難免要面臨一輪的洗牌。企業經營是一件冒風險的事情，柳井正認為在經營企業和與對手競爭的過程中，結果只有兩個，非勝即敗。但在這場冒險中，冒的風險越大，並不代表其收到的效益也就越大。Uniqlo 在成功控制了產品成本之後，柳井正及時把 Uniqlo 的經營方向轉向了「後低價」時代。當價格已經不是唯一成功促進消費者購買的唯一因素時，Uniqlo 就必須在低價的基礎之上加強產品的多元化。

Uniqlo 這個品牌已經完全取得了消費者的信任，但只有不斷滿足消費者的消費需求，才能維持住顧客對 Uniqlo 的忠誠度。在當下的市場環境中，「SPA 模式」早已經不是什麼新鮮詞彙。雖然迅銷公司率先應用了這一經營模式，但這並不代表迅銷公司在此種模式上就一定比後來者更具有發言權。因此，如果長期只是堅守價格的底線，必定會有被驅逐出市場的一天。Uniqlo 的企劃部門也意識到了這個危機，他們開始在商品種類的開發、商品的品質上下苦功，在不斷擴展商品數量的同時更加大了提升商品品質的力度。

Uniqlo 想做到的，不僅是日本國內產業的龍頭老大，柳井正更想要帶著 Uniqlo 在國際市場上分一杯羹。但在國際競爭中，Uniqlo 完全是一副新鮮面孔。他們除了要不斷學習之外，所要做的最基本的事情就是打好讓自己具備話題權的一切基礎，讓 Uniqlo 的品牌具備更多的附加價值。

在日本國內，單純的價格戰還在持續上演。許多商家簡單的認為「低價訴求＝顧客增加」這一公式是萬能的。但這樣的時代終會成為過去式，隨著 Uniqlo 全球化腳步的加速，以及世界經濟日益把日本市場也囊括在內，日本的消費者也不再單純被「價格」所迷惑。當消費者開始追求起產品的「價值」時，許多經營者才明白過來，「價值」不但包含了價格的因素，更是建立在一件商品品質如何的基礎之上而形成的綜合評價。

當 Uniqlo 宣布放棄低價策略的時候，許多企業家曾經為之歡呼，他們認為自己的春天到來了。一旦 Uniqlo 販賣的服裝不再以低價去吸引消費者，那麼自己的服裝品牌就多了一條生路。可是後來事情的變化證明他們還是錯了，Uniqlo不以低價吸引消費者，並不代表Uniqlo放棄了低價的策略。當Uniqlo悄悄把商品的品質作為宣傳重點的時候，其早已經預見到日後服裝產業格局的變化。這是柳井正為Uniqlo能夠在日本國內市場更好生存下去打下的一劑強心針，也是為Uniqlo進軍國際市場預先埋好的一大伏筆。

市場不是無常的，企業經營自然也不能憑藉一時的興趣或者他人的做法而迷失自我特色。一家企業想要立足長久，必定要放棄無常的經營策略。市場的變化規律不一定是每個人都能夠參透的標準，但始終立足於消費者的角度去考慮問題終究不會出錯。在這場價格戰中消失的企業共同犯的一個致命錯誤是，他們只是錯把Uniqlo當成了敵人，而忽視了消費者這位永遠不能失去的朋友。其實，在競爭中，Uniqlo和任何一家企業之間都只是對手的關係。「對手」這個詞應該是中性的，和旗鼓相當的對手競爭是一種幸運。但若是被對方的經營策略牽著鼻子走，就一定會迷失掉自己的方向。

企業經營不是遊戲，遊戲輸掉之後還能重來，而企業經營的結局只有兩種，非勝即敗！對Uniqlo和柳井正來說，如果沒有足夠取勝的把握而貿然行事，等待他們的結果和其他人是完全一樣的。市場是公平的，不會因為你曾經的輝煌和失敗而區別對待。

所幸，Uniqlo 嗅到了市場的規律，因此才能經歷風浪，最終迎來一片豔陽天。

◈攘外必先安內◈

柳井正在 Uniqlo 的管理上有一份獨創的模式，他認為公司中實行自上而下的管理模式，總免不了會因此而造成事情的拖遝。並且，一旦員工完全按照上司的指令去做事，不但他們會失去自主性，還會因為上司對具體情況的不了解而使整件事情變得更加糟糕。柳井正認為，尤其是針對自主性比較強的零售百貨業來說，店員能夠在和顧客交流的時候保持足夠的靈活性，是十分必要的一件事情。每一個 Uniqlo 的員工都應該具備獨立思考和判斷的能力。

所以，柳井正放棄了雇用有著光鮮履歷的人入駐 Uniqlo。在他看來，那些肯在公司基層一點點做起的人更具有提拔的價值。執行能力強，只能說明這個人對公司的發展絲毫沒有自己的想法。一個只懂得執行上司命令的人，既無法了解到客戶的需求，也不可能為公司的發展出謀劃策，這就等於是在其位不謀其政，柳井正堅絕不允許這樣的人出現在 Uniqlo 的管理階層。

一家公司在初步發展的時候，雖然也需要足夠的「手足」來幫助高層管理者執行一些決定。

但 Uniqlo 發展到了今天，已經不再是任何一個股東可以憑藉自己個人的決定就能夠改變 Uniqlo 經營策略的時代了。一旦公司有了自己嚴謹的經營模式，並且這個組織需要有專業的人去維持其正常運轉，這時就更加需要有專業知識和經驗的人來執行。這樣的人，首先需要站在經營者的角度去考慮顧客的需求，然後還需要站在顧客的角度去挑出經營過程中出現的紕漏。只有這樣做，才能讓他們在處理公司事務的過程中逐漸成長起來，最後成為可以做出英明決斷的高層決策者。

因此，想要成為 Uniqlo 的高層決策者，並不是只擁有高等學府的畢業證書就能夠勝任的。柳井正堅持從基層選拔人才培養人才的方式，顯然無情回絕了不少關係戶。但只有先讓自己強大起來，才能有實力去對抗競爭對手。讓自己強大起來的唯一方法，就是武裝到身上的每一個螺絲釘都要強大。一個木桶能夠裝多少水，取決於其身上最短的那一塊木板。這是眾人都知道的木桶原理，柳井正要讓 Uniqlo 這個大木桶身上的每一塊木板都足夠長，從而才能裝下更多的水。

當然，不同的時期面臨著不同的發展狀況，採取的措施也會不盡相同。剛起步時的 Uniqlo，自然是柳井正一人說了算，但對於發展得如日中天的 Uniqlo 來說，必須要博採眾家之長，才能最大限度避免無謂的風險。攘外必先安內，安內就要做好 Uniqlo 的管理工作，這是一切工作的起始。

但安內不能遏制所有人的言論自由，安內的目的是避免Uniqlo走進死胡同，所以想要實現這一目的的最好做法就是讓大家暢所欲言。在Uniqlo的內部會議上，如果大家都默不作聲，柳井正就會嚴肅的站起來說：「好吧，如果你沒有什麼意見可以發表，那麼下次就不要來參加會議了。」柳井正覺得，開會就是要聽取大家的意見，而不是讓大家去聽取主管的意見。所以在柳井正主持召開的每一次會議上，每個人都是踴躍的發言者。這就像是會傳染的細菌一樣，一旦其中某個人打開了話匣子，大家就會不約而同開始侃侃而談。雖然有些人的主張並不是十分成熟，但只要敢於講出來，就會得到大家的補充和完善。這種頭腦風暴的會議方式，往往可以起到非常直接的效果。

和柳井正共事的人總說：「柳井正社長是一個害羞、認真、穩重、和藹的人，和他一起工作就像在家裡一樣舒適。」柳井正自己說：「我們都願意這樣工作，待在自己想待的地方，才是最好的工作環境。我認為，無論在日本還是在世界其他地方，只有高效率的新型企業才能生存下去，現在就是這樣一個時代。」

在柳井正的刺激下，公司裡的員工全都把自己的命運和公司緊緊聯繫到一起。在Uniqlo連鎖店的經營上，柳井正也盡量讓店長按照自己的主張去經營。他不希望迅銷公司這個龐大的集團最後因為形式的問題而導致自己寸步難行。每個員工都休戚與共的時候，正是團隊的力量能夠發揮到最大的時候。

一個堡壘，最容易從內部被攻破。但柳井正讓Uniqlo的團隊變成了一塊堅硬的石頭，所有的人都能夠獨當一面，而不是做無腦的執行者。

有一則Uniqlo的趣聞是，柳井正經常在闡述自己想法的時候，因為自身的不專業性而難免出現紕漏，此時就會有人當著柳井正的面把錯誤指出來。柳井正不但不會生氣，他還會非常感謝這些左膀右臂，正是因為他們的幫助，才讓自己少犯了許多錯誤，從而讓Uniqlo少走許多彎路。為了回報這些員工，柳井正能夠呈現出來的最好的方式就是讓Uniqlo一天天壯大起來，讓所有的人為在Uniqlo工作而倍感自豪。

◈「失敗」讀作「成長」，「反省」讀作「進步」◈

對Uniqlo來說，需要全面招攬大量的人才入主Uniqlo的新店鋪。唯一的問題是，一個新店長的培訓需要一到兩年的時間。因此，Uniqlo在臺灣分公司的董事長就直接指出：「想要守住每家分店都能賺錢的原則，基本的做法就是集合優秀的工作人員。所以如何在人才培育和擴張分店數量上取得平衡，是我們現在最大的課題。」

人才的斷層同樣出現在Uniqlo開設在其他各個國家的店鋪中。Uniqlo的發展是以店鋪的飛速增加為基準的，然而店長卻遲遲難以到位，這反倒成為了制約Uniqlo繼續發展的難題。店長的培訓，遠遠趕不上建設新店的速度，根本原因在於Uniqlo並沒有確立起一套具有海外不同國家特色的候補店長培訓系統，過分強調Uniqlo的日本化，導致在許多國家培訓店長的時候出現水土不服的狀況。

Uniqlo之所以會如此快速擴張店鋪的數量，無非是想要和H&M、ZARA相競爭。目前H&M正在以每年兩百家店的速度拓展著自己的海外市場，相比之下，Uniqlo的速度要慢很多。H&M能夠如此快速擴展，並且創造了具有相當規模的經濟效應，和其對於店鋪所在地的選擇、店鋪的經營理念和店員的培訓系統密不可分。H&M在國際市場上，比Uniqlo有著更加成熟的經驗，因此他們可以更有效率維持住自己海外開店的速度。儘管Uniqlo在發展模式上，有很大一部分和H&M有著重疊之處，但僅僅在人才培養這一點上Uniqlo就輸給了H&M，從而也失去了和其競爭最重要的砝碼。

從這一點上來說，Uniqlo 並沒有把進軍國際市場的準備工作做得很扎實。

因為沒有完善的人才培養計畫，但同時店鋪擴張的速度不能夠降下來，這就促使了 Uniqlo 在國際化過程中的風險性大大增加。並且在 Uniqlo 的銷售範圍大幅度擴張之後，缺少能夠有效分析當地消費者消費潛力的優秀人才，以至於無法根據市場受眾的不同而繼續研發新產品。無奈之下，只得在各地不同的店鋪銷售同款式的商品，由此造成了對 Uniqlo 最致命的打擊。

因為全世界的衣服是按照同一個款式和尺寸製造的，日本和倫敦的服裝完全沒有絲毫差別，但因為兩地消費者身形和喜好的不同，從而出現了銷量上的天壤之別。這也正是 Uniqlo 第一次進軍倫敦而失敗的原因之一。與 H&M 和 ZARA 相比，儘管這兩者也會出現服裝撞衫的問題，因為其流行度很高，服裝上架的時間較短，所以這個問題並不足以構成致命性威脅。可是對於 Uniqlo 來說，這個問題相當於一個死鏈。因為缺乏分析消費者喜好的優秀人才，所以 Uniqlo 才會生產千篇一律的服裝銷往世界各地，由此直接造成銷量的不佳；再一次的，因為缺乏改變這一現狀的人才，最終導致 Uniqlo 邁進了一個死胡同。

因此，面對人才斷層的狀況，Uniqlo 最應該做的事情就是停下腳步好好思考一下自己的方式和方法。H&M 和 ZARA 早就儲備了足夠的知識來面對這樣的困境。Uniqlo 卻不同。從 Uniqlo 的歷史來看，其研發 Heattech 發熱服飾的過程整整經歷了五年的時間。在經歷過如此漫長的研發期後，依舊不能確定新款服裝是否會熱賣。Uniqlo 一旦出現了產品的斷層，就需要面對比任何事情都要大的恐慌。產品斷層之後，意味著 Uniqlo 已經完全落伍於當下的潮流，消費者自然會轉投到其他品牌的旗下。

而這一切的根源，終歸全都起源於 Uniqlo 人才的斷層。

面對整件事情，歸根結底是因為 Uniqlo 在全球化的策略中，並沒有考慮到每個必須要完備的要素。想要走出當下舉步維艱的困境，Uniqlo 應該學著從中去吸取經驗教訓，從而為明天的發展指明道路。失敗，是成長的必經階段；只有反省，才是進步的必由之路。

◈創業等同狩獵◈

Uniqlo 是一家什麼樣的店鋪，迅銷公司是一家什麼樣的企業，這樣的問題恐怕在一千個人心中有一千個不同的形象。在柳井正心目中，Uniqlo 應該是一家高速成長的企業，迅銷公司應該是不斷向上發展的，而不是在原地踏步不前，更不能夠後退。今年已經六十二歲的柳井正曾經說，自己會在六十二到六十五歲之間退休。他認為一個人精力和智力都處在最巔峰的時候應該是五十多歲，一旦過了這個年紀，讓賢才是最好的選擇。二〇〇二年，柳井正覺得可以把迅銷公司的管理權交給更有才華且更年輕的人去掌管，自己已經到了退休的年紀。於是，他把 Uniqlo 經營的重擔交到了當時只有四十歲的玉塚肩上。

然而，玉塚接手 Uniqlo 的時期，正好是雙面刷毛服飾的熱潮逐漸褪去的青黃不接的時期。在相當長的一段時間中，Uniqlo 沒有可以拿得出手的新款服裝來吸引消費者。Uniqlo 二〇〇三年的銷售業績跌倒了史無前例的最低端。在玉塚的努力下，從二〇〇三年開始，Uniqlo 的經營狀況雖日漸好轉，但因為他採取的是「穩中求勝」的經營策略，所以 Uniqlo 想要在短時間內恢復往日的輝煌具有相當的難度。

以這種模式發展的 Uniqlo，完全不符合柳井正對公司的定義。在柳井正給出的概念中，創業和經營就應該像是狩獵一樣，看準機遇之後就應該主動出擊。不要害怕冒險，冒險是增大收益的一種方法。單純求穩，只會讓思想變得越來越保守，從而失去 Uniqlo 引領潮流的價值。

在評價玉塚這一段時間的所作所為的時候，柳井正說：「玉塚的確非常優秀，卻讓我感受到優秀人才在經營能力上的極限，至少他沒辦法從根本上改變這家公司。這件事不只是玉塚一個人的責任，而是當時整個董事會的成員讓我感受到在經營能力上的極限。」畢竟，Uniqlo當時的經營狀況不好，並不能把全部的責任怪罪到玉塚的頭上。全球經濟的不景氣，日本企業同樣無法倖免。在玉塚的努力經營下，Uniqlo能夠保持穩中上進的勢頭，已經實屬不易。

但柳井正的要求卻異常嚴格，他不想看到自己一手創辦起來的Uniqlo處在一個半死不活的狀態。因此，二〇〇五年九月分，已經退休的柳井正決定重掌江山。他再一次坐在Uniqlo社長的位置上時，只是希望能夠讓Uniqlo的經營業績重回到巔峰時期。

或許是因為柳井正的做法深深傷害到了玉塚，當柳井正以Uniqlo海外負責人的身分重新出現在公眾視野時，玉塚選擇了離開Uniqlo。儘管當時很多人因為此事而數落柳井正冷血，但柳井正對這件事情有著不為人知的看法。

這件事情過後，柳井正才公開坦誠了自己對玉塚離開這件事情的想法。他說，玉塚的離開是自己經營生涯中最重大的挫折和失敗。他認為玉塚是一個有著十分耀眼的未來的年輕經營者，卻因為自己栽培不當，而拱手把一顆好苗子送給了別人。

創業等同於狩獵，柳井正一上任就大刀闊斧開始了自己的改革計畫。效仿雙面刷毛的成功模式研發出來的「Heattech服裝」是他帶領Uniqlo走出低谷的徵兆。儘管當下柳井正已經到了自己曾經許下的退休的年紀，但因為遲遲尋覓不到合適的接班人，恐怕他還需要在 Uniqlo 社長的位置上再好好坐幾年。畢竟，想要尋找到既富有成熟的經營經驗，同時也不會因為商海的浮沉而磨掉如同年輕人一般銳氣的接班人，是一個可遇不可求的事情。在服裝業這個戰場上，柳井正依然像是一個目光如炬的獵人，在搜尋期望的獵物的同時，也在尋求一個最好的搭檔。

◈經營其實是連續的試行錯誤◈

其實，柳井正堅持的讓 Uniqlo 一直處於直線上升狀態的想法根本就不可能得到實現。他自己說：「我一直在面臨失敗，到現在為止的勝率大概只有一成左右，唯一成功的就是 Uniqlo。」這也正是柳井正一勝九敗經營哲學的來源。柳井正堅持的是，做生意不管什麼時候都要保持昂揚向上的姿態前進。儘管會遭遇曲折，但只要還有百分之一的機會，就應該勇敢去面對挑戰。失敗了九次，在通往成功的道路上就有九次經驗之談。

柳井正在自傳中如此寫道：「經營其實是連續的試行錯誤，因為做生意本來就得面臨失敗。就算被公認是成功的經營者，也有人認為，挑戰一百次大概只有一次能成功。」這就是商場，這就是赤裸裸的現實的寫照。但對於柳井正和 Uniqlo 來說，他們在乎的不是自己會不會失敗，而是在失敗之後還有沒有重新站起來的勇氣和信心。

在 Uniqlo 的經營理念中，失敗遠遠比成功要重要得多。因為只有在面臨困境的時候，人們才會被迫轉變思考，從而尋找到新的出路。窮則變，變則通。如果一直都是很順利，那麼經營者就有可能把自己的錯誤一直保持下去。經營環境在不斷發生著轉變，如果經營者不能跟著外部環境的改變去轉換自己的經營思路，就永遠都不會有創新和變革，也就永遠不會得到成功的可能。

然而，暫時的成功卻是迷幻人眼睛的假象。因為成功只會讓人變得呆板和形式化，最後產生驕兵必敗的結局。沒有人喜歡失敗，但柳井正卻喜歡把失敗當做自己的警鐘。因此在面對挑戰的時候，儘管成功的機會只有百分之一，從另一個側面來說，就是失敗的概率占百分之九十九，但只要有創新和變革的可能性，Uniqlo 都必須去嘗試。挑戰，需要的是把目光放在自己如何才能成功之上，而不是專注於看似很龐大的失敗。

商場上沒有永恆的成功。柳井正說，每個經營者只要努力，都會找到屬於自己的成功方式。但並不是每個經營者都能夠學會忘掉成功。不要被勝利沖昏了頭腦，企業家永遠要記住自己的責任是為顧客服務。柳井正最忌諱的事情是，許多經營者在取得了一定成就的時候就會犯下這樣的錯誤。因此，柳井正會經常給自己的屬下或者前來求教的人一個非常奇怪的建議。他總是告誡人們，越快失敗越好。只有越早遭遇失敗，才能夠越早從失敗的過程中發現自己的不足之處，從而也就可以多爭取一份時間給自己的成功。

柳井正最喜歡的一句話是：「不會游泳的人，就讓他溺死吧！」他其實想要表達的概念是，沒有人天生就比別人笨，只有那些害怕失敗的人，才永遠不會取得成功。因此，失敗對於每個人來說，都應該是成長，而不是毫無意義的懊悔和沮喪。

在 Uniqlo 經營的歷史上，失敗也是屢見不鮮的事情。雙面刷毛熱潮退卻之後，Uniqlo 在開發新商品這件事情上歷經了長達幾年時間的停滯狀態；當柳井正雄心勃勃想要在倫敦開店的時候，卻意外虧損了一百二十億日元。這些挫折若是發生在其他企業身上，或許將成為功虧一簣的源泉。但柳井正知道，自己之所以失敗是因為許多地方的工夫都還下得不夠。沒有人會把這麼大的失敗當成兒戲，但重要的是能夠從失敗之中重新尋找到成功的機遇和希望。

日本的媒體說：「Uniqlo 早已經習慣了失敗。」柳井正自己也曾經說過：「只要（對企業）不至於致命，我認為失敗也無所謂。因為不去做，就不知道結果如何；在行動前考慮再多，都會是浪費時間。只要一邊行動，一邊修正就好了。」

不論是百分之一還是百分之九十九的機遇，都應該去挑戰。失敗是一個人乃至一個企業成長的過程，柳井正對於失敗的恐懼遠遠遜於對於成功的渴望。他說，只要能夠不斷累積小小的失敗，就一定能夠看到最後的成功。

第六章　愛是一切答案：寫情書給顧客

◈愛是一切答案◈

一家企業的成功經營，必然和成功的行銷活動密不可分。在有新產品上市的時候，最直接也最有效的方式就是廣告。從單純的實用角度來講，廣告的意思就是廣而告之，透過各種新奇、獨特的手法把自己想要訴說的資訊告訴給消費者，並且在其心中留下良好的印象，從而使之產生購物的衝動。廣告這一概念看似是公司在直白推銷自己的商品，然而柳井正卻提出了自己的見解。他說：「宣傳廣告，是企業寫給顧客的情書！」他用這麼簡單的一句話，概括了 Uniqlo 一直秉持的廣告策略。

眾所周知，Uniqlo 開業的第一天，因為宣傳策略的到位而使這間從傳統西裝店轉型而來的休閒服飾店一夜成名。在開業之前，柳井正把 Uniqlo 的廣告集中投放在了商業街附近和學校周邊等人口稠密的地區，最後所起到的效果也完全出乎了人們的意料。柳井正說，宣傳新產品其實是愛的表現，因此在前期的廣告設計和製作等過程中，每一件事情都要投入百分百的感情。想要打動顧客，讓顧客心甘情願從錢包裡面把錢掏出來，那麼在廣告訴求中就不能夠只是單純站在消費者的立場去說明問題。最重要的事情是，製作廣告之前要明白消費者的消費心理如何，打心理攻堅戰，這才是取勝的法寶。如果消費者看到了 Uniqlo 的電視廣告和宣傳單之後，在心中馬上升起了一股購買的願望，這樣的廣告才能稱之為最有實際效果的宣傳手段。

聽起來，這樣的廣告宣傳策略好像完全不可能實現。想要做出一份令人心動的廣告策略，需要的不僅僅是專業的設計技巧，更需要對顧客如同情人一般的感情投入。把每一份的廣告文案都當做是寫給情人的情書，讓所有看到該廣告的人都能夠感覺到 Uniqlo 強烈的感情訴求，讓所有的消費者都明白來到 Uniqlo 購物，得到的是一份關心和尊重。

這樣的情書策略，鮮明體現在 Uniqlo 散發的宣傳單上。在廣島開設第一家店的時候，Uniqlo 開業的第一天之所以會引來大批量的顧客排隊購買，成功背後最大的推手就是這些具有情書性質的宣傳單。柳井正在分析傳單和電視廣告的差異時，他說，「傳單就像商品販賣時的『號外』」，具有「時間限定」的宣傳效果，特別是在週末能夠發揮「集客」的功效。

◆ 愛是一切答案 ◆

Uniqlo 散發的宣傳單之所以能夠如此成功，這和紙質媒介的特殊性密不可分。消費者從宣傳單上可以一眼就看到自己喜好的服裝的價格，並且還能夠根據價格高低的不同去推測出產品熱銷的排行榜，更能夠準確判斷出 Uniqlo 當下最流行哪些新款服裝。因此，廣島店開張的時候，宣傳單的作用是不可泯滅的。

然而，隨著市場大環境的變化，報紙等紙質媒介的發行量大幅度減少，單純用宣傳單已經無法達到預期的效果，Uniqlo 也開始逐漸把宣傳的重點放到電視媒介上。雖然廣告的媒介換了，但是廣告的策略卻一直秉持下來。即便是電視廣告，Uniqlo 也堅持用情書策略，以起到語不驚人死不休的效果。

對 Uniqlo 來說，最重要的事情是廣告一定要具備話題性，具備吸引消費者眼球的能力。但有時也會因為詞不達意，而被迫讓廣告提前下檔。一九九四年推廣關東店時所做的以一位老太太當眾脫掉不滿意的衣服為主題的電視廣告，遭到了當地婦女權益保護組織的聲討。其實，廣告的主要訴求點是想要說明 Uniqlo 可以接受任何理由的退換貨，但因為用力不當，反倒有著汙蔑婦女的嫌疑。

對於這則太具有爭議性的電視廣告，柳井正理性分析說，廣告中表達的某些意思確實是有失偏頗的，並且 Uniqlo 也沒有憑藉此廣告而實現銷量上的大突破。儘管這算是一個不大不小的波折，但 Uniqlo 在廣告中秉持的話題性，使其一舉在關東地區成為知名的服裝品牌。

相比即時性的宣傳單來說，電視廣告和平面廣告都不會在短時間之內讓 Uniqlo 產生巨大的銷量上的變化。這取決於傳播媒介的不同。但是電視廣告卻能夠在最大限度內幫助 Uniqlo 樹立起良好的企業形象，並且還可以針對某一單品做長線宣傳，其所起到的宣傳效果更加具有延續性。

除了傳統的廣告模式讓 Uniqlo 做到了一夜成名之外，在宣傳「UT 系列」的時候，柳井正還想出了一個更絕妙的招式。在幾位知名設計師的幫助下，Uniqlo 推出了繪有漫畫圖案的平價 T 恤，當模特們穿著這樣的服裝在伸展台上走秀時，口裡面還要跟著節奏喊出「UT，UT」的口號。藉助於電視廣告強大的宣傳效應，一時間「UT」竟然成了全國流行語。Uniqlo 更是藉此而成為了全日本國民口耳相傳的服裝品牌。

◈文化和價值觀的影響力◈

廣告宣傳這件事情，實際上是很燒錢的一種行為。但這不應該是縮減預算開支的理由，一則好的廣告所能夠收到的回報是投入的數百倍之多。在廣告預算中，如果單純去計算廣告的設計和製作費用，還遠遠不夠。真正需要投入大量金錢的，往往是廣告中出現的那些人盡皆知的明星臉，而明星背後所代表的文化和價值觀則是產生廣告影響力的關鍵，借用明星所代表的文化和價值觀影響力來提高Uniqlo的廣告效應和品牌知名度，是籠絡消費者的最好手段。

Uniqlo在推出牛仔褲系列的時候，找到了日本女星佐藤江梨子和憑藉電影《死亡筆記本》系列在國內積聚下超高人氣的變色龍演員松山研一，推出了一款長達四分鐘的具有如同電視劇一般波折劇情的廣告片。並且這則廣告僅僅限定在網路上播出特別版，廣告一經推出，馬上引來了兩位明星的千萬粉絲把廣告的點擊率推到了最高點。

這樣一款廣告打破了Uniqlo傳統的直接行銷模式，觀眾在俊男靚女主演的劇情下，往往會忽視掉Uniqlo的行銷概念，卻仍舊可以記住男女主角因為某些刻意設定好的行為而在鏡頭前凸顯的牛仔褲。在兩位明星臉的背後，Uniqlo以超越傳統模式的廣告風格，向所有點擊觀看這則廣告的人完美傳達出所售牛仔褲的功能性，並且也不失穿上該牛仔褲之後的美感。

在很長的一個週期中，Uniqlo一直在強調自身品牌「便宜」的概念，由此也如同併發症一般引起日本消費者覺得Uniqlo的衣服不夠時尚的想法，儘管這並不是一個十分符合事實的觀念，但從Uniqlo廣告的宣傳中始終能夠嗅到這樣的味道。為了改變這一形象，柳井正在近年來的Uniqlo廣告中試圖刻意強化流行的概念。而想要轉變受眾對Uniqlo固有的觀念，非得在具有高度流行性特徵的明星代言下，才能起到事半功倍的效果。

為此，二〇〇八年的時候Uniqlo招來了日本性感女神藤原紀香代言春夏季節的主打品牌—美腳褲。在藤原紀香的引領下，不管是在Uniqlo的平面廣告中還是電視廣告中，處處都充滿著「流行」和「品味」的因數。在整個電視廣告中，藤原紀香穿著Uniqlo在廣告中的主打品牌美腳褲快活地走在日本街頭。在廣告簡單明快的風格攻勢下，美腳褲所屬的「High Rise」系列牛仔褲不僅在藤原紀香的粉絲群中開始流傳，廣告更把明星效應波及所有日本女性消費者之間。

由這則廣告而引發的討論呈現出火山噴發的姿態，不過這一次極少出現負面的評價。人們普遍認為藤原紀香充分具有現代女性的氣質，尤其是當她修長的雙腿穿上了Uniqlo「High Rise」的美腳褲之後，更是令這種高雅的氣質散發出令人難以抵擋的魅力。

兼具流行和休閒風格的「High Rise」美腳褲在藤原紀香的引領下，迅速成為新一季的潮流新品。這則廣告也在很大程度上改變了日本年輕且追逐時尚的女性消費者對Uniqlo的固有概念，甚至連三十歲以上的女性消費者也都被廣告所吸引而想要再追求一把潮流。因為「High Rise」屬於低腰牛仔褲，這也恰恰符合了近兩年的流行風潮，藉助於藤原紀香的完美表演，「High Rise」的牛仔褲在一個夏天就賣出了一百萬件。

更難得的是，這則廣告讓 Uniqlo 成為了流行的符號，並且還創造了 Uniqlo 和當紅明星所代表的文化和價值觀互借優勢而促成良好合作的典型範例。明星不是工具，而是在替自己的產品向顧客說著「情話」，這是柳井正文化和價值觀廣告策略及情書策略的雙贏。

◈歸零與自由◈

Uniqlo 的廣告策略為什麼能夠成功，在這件事情上最具有話語權的一定是 Uniqlo 的廣告創意總監田中先生。田中先生認為，Uniqlo 的廣告能夠做到突破人們的想像並且成功吸引大眾的目光，背後的原因和柳井正的廣告宣傳概念密不可分。在日本廣告界，既有的觀念經常成為束縛企業廣告概念的繩索。當 Uniqlo 和世界知名廣告公司合作的時候，站在國際化的高度回頭看，才猛然間發現原來自身一直處於被拘囿的狀態中。

所幸，柳井正的想法並沒有被既有觀念束縛住，在 Uniqlo 的廣告中，最後呈現出來的效果既能把本企業全新的企業形象展示出來，又能很好展示服裝的特性且兼具流行性，這是一件很了不起的事情。田中先生透露說，在 Uniqlo 的廣告策劃和設計這件事情上，柳井正雖然有許多自己的想法，但他從來不會用自己 Uniqlo 社長的身分來壓制其他人員表達自己的意見。突破了彼此之間職位高低的限制後，廣告策劃、設計人員和 Uniqlo 的高層管理者之間的談話自由度大大增加了，由此也更加便於田中先生負責的廣告事宜確定精準的方向。

按照日本傳統的廣告拍攝模式，在確定廣告內容和表達的主題之前，廣告製作者就已經把音樂、對白、配音等各個細節的東西規劃好了。用日本的廣告公司來攝製廣告片，哪怕是日本最富有知名度的廣告公司，他們都會把自己接到手的任務按照各種各樣的標準去填充到早已經成型的模式中。就像是 Uniqlo 生產服裝的工業生產線一樣，日本的廣告也有一套獨特的工業生產線，只要把各個環節分解和重組，就能夠在很短的時間創做出一條及格的作品。

這樣創做出來的作品，雖說完全符合客戶的要求，卻缺乏足夠的靈性和突破力。廣告創作，雖然是一項商業運作，但在其背後更深的層次中卻是一種藝術創作。把藝術創作工業化，必然產生不了令人耳目一新且能夠長久流傳的作品。

在受到了國際知名廣告公司創作觀念的影響之後，Uniqlo 在自身廣告的創作上，採取了讓一切歸零的概念。柳井正最大限度給予廣告創作者自由的空間，和Uniqlo進行廣告業務上的合作時，創意人可以根據自己的生活體驗和對Uniqlo經營理念的理解程度天馬行空去想像。柳井正認為，只有讓這些人先完全理解了Uniqlo是一個什麼樣的品牌之後，他們才能為廣告的受眾呈現出Uniqlo最好的一面。因此，給廣告人和創意人最大的發揮空間，是百分百尊重創意人和消費者的表現。在廣告設計這件事情上，柳井正終歸是個外行人，以外行人的身分來指導內行人，終歸是行不通的。既然如此，反倒不如讓廣告公司放開手腳，做最有力的一搏。

但柳井正依舊會和廣告創作人員多次溝通，尤其是在Uniqlo內部進行廣告創意的時候。Uniqlo是日本少有的不完全依賴廣告公司做廣告創作的企業，在既有的宣傳策略和廣告創作理念下，Uniqlo全球化網路事業部部長勝部健太郎這樣說：「把工作發包出去後，如果我們和接受發包的人沒有親密的合作關係，是無法生出好創意的。」鑒於日本國內廣告行業現存的難以突破的行業規則，Uniqlo更願意把廣告交給更加熟悉自身經營理念的自己人進行創作。

在彼此都十分了解的情況下，越親密的合作關係，就可以實現越好的廣告效果。脫離了廣告公司單獨存在的Uniqlo，就必須全權承擔起廣告行銷策略中的大小事情。雖然這樣做使得整件事情看起來有些煩瑣，但廣告部門因此可以獲得更多的資金作為支持，並且一旦出現了任何問題，也可以在企業內部靈活轉化掉。快速的反應彌補了缺少專業廣告公司協助的缺陷，尤其是進入了網路時代之後，Uniqlo 自身的廣告部門可以隨時隨地調整 Uniqlo 的訴求方式和廣告內容，保證能夠始終呈現給顧客最有價值並且最具有資訊含量的廣告內容。

◈網路行銷新規則：跨世代傳播◈

網路時代的來臨具有強大的不可抗拒性。當網路在短短幾年之內由一個全新的資訊承載媒介轉變成大眾最熟悉的瀏覽方式時，Uniqlo 也意識到，網路正在逐漸取代散發傳單和電視廣告宣傳。二〇〇七年八月分，Uniqlo 的一份內部報告顯示，其在日本國內各個媒體上所花費的廣告費用，占據日本所有企業的榜首位置。而單純以製作廣告的費用來計，Uniqlo 花在網路廣告上的製作費已經和電視廣告沒有絲毫差別的。根據這一點幾乎可以完全肯定，Uniqlo 已經把網路當成了宣傳自身的一大重要陣地，並且還有日漸加大比重的趨勢。

和傳統媒介比起來，網路確實是一個新鮮事物。其真正崛起只有二十年的時間，卻在短短的二十年裡改變了人們的生活習慣。面對網路蓬勃發展的態勢，柳井正談到了自己的看法，他說：

「網路的本質，就在於它的雙向性。」他認為相對於傳統媒介來說，網路媒介的最大優勢在於和民眾的互動性。一則廣告的效果如何，幾乎可以在廣告剛一上線的同時就收到來自世界各地不同地區網友的回饋。在Uniqlo逐漸加快了全球化腳步的今天，當然不能放棄網路這一利器。

在玩轉了平面媒介和電視媒介之後，Uniqlo在網路媒介上的排兵布陣也顯得很有謀略。柳井正說，透過網路可以把Uniqlo的思考方式和經營方法告訴給全世界的消費者，並且還能夠讓世界各地的消費者和Uniqlo的員工直接對話，從而使Uniqlo可以更加了解消費者的消費潛力和消費感受，進而創造出一個完全不一樣的新Uniqlo。

在柳井正心目中，未來的網路世界是說明Uniqlo迅速占領各地市場的利刃。在網路時代，不再有員工和消費者的區別，只要彼此都有一個註冊帳號，就能夠實現平等的互動交流。遍布世界各個角落的網路，是Uniqlo最好的宣傳工具。二〇〇八年十一月，柳井正把迅銷公司內部的傳單製作、公關和宣傳三個部門合為了一體，成立了全新的全球溝通部。而勝部健太郎先生此時也被柳井正招致麾下擔任網路部門的主管，他的任務就是重新策劃並設計Uniqlo的廣告，在網路的世界中大力宣傳Uniqlo的經營理念。

Uniqlo如此急切想要在網路領域中一展宏圖，有著更深層次的原因。在傳統媒介統治天下的時代，Uniqlo 因為創立比較晚，所以不得不獨居一隅，爭取著其他大型國際品牌吃剩下的蛋糕。但網路是個新興媒介，對於任何人來說都是新鮮事物。即便是 H&M 和 ZARA，在網路前面也是和 Uniqlo 站在同一個起跑線上。因此，誰能夠先發力俘獲民眾的心，誰就能夠在這一片虛擬領土上占據絕對優勢。

Uniqlo 作為一家國際化企業，為世界各地的消費者提供的不僅僅是服裝品牌，更是全球共通的服務價值和消費體驗。而 Uniqlo 把在全球的宣傳工作重心放在網路上的背後，還有另外一個重要原因。勝部健太郎透露說：「因為在全球化的時代潮流中，透過網路來宣傳企業的價值觀，比起使用電視或新聞等大眾傳播媒介，更容易達到世界規模的宣傳效果。」

網路宣傳的特點決定了 Uniqlo 根本就不用跑到世界各地去做宣傳，只要一條網路線，就可以讓日本和整個地球連結起來。勝部健太郎說，Uniqlo 全球化的進程，就是要讓消費者不論是在東京、上海、巴黎還是紐約，只要有 Uniqlo 的店鋪存在，就能夠買到同一款式同樣價值的服裝。「UNIQLO 的廣告也應該採用超越國界的方法，也就是利用網路來宣傳。」勝部健太郎如是說。

網路 E 時代的 Uniqlo 希望打造出一套全新的「跨世代傳播」系統，在這套宣傳系統模式下，Uniqlo 將不會再完全依賴傳統的媒介做企業形象和新款服裝的宣傳活動。在網路上，Uniqlo 可以以二十四小時不打烊的姿態隨時隨地宣傳，並且還可以即時監控網路上的流量和消費者反應。在把店鋪中的最新消息發布給消費者的同時，也收穫了之前需要有「超級店長」坐鎮才能準確收集到的顧客資訊。在「跨世代傳播」模式下，Uniqlo 打造自我品牌形象的過程變得更加簡單，而分析消費者潛在消費力和消費喜好的過程完全可以以數位的形式做出精準分析，再也不是根據店長的個人經驗做出具有個人深刻烙印的判斷了。

網路帶給 Uniqlo 的好處還有一點是，對於偏遠地區的 Uniqlo 愛好者來說，只要其在 Uniqlo 的網路虛擬店鋪中挑選好自己喜歡的服裝並下訂後，就可以坐在家中和東京的消費者穿上同一款式的 Uniqlo 服裝。

基於網路，Uniqlo 不但實現了宣傳無國界的概念，更突破了銷售無時差的局限。要在網路時代站穩腳跟，Uniqlo 從現在起就應該向著這一新領域大舉進發。

「透過公關活動、網路和商品的強力結合，Uniqlo 的六十週年慶獲得了很大的回響，而且這一連串行銷計畫，都沒用到傳統的大眾傳播媒介，這證明了 Uniqlo 的網路宣傳策略相當成功。」勝部健太郎在看到 Uniqlo 二〇〇九年的銷售業績時這樣說。這一年，Uniqlo 的銷售業績達到了兩千六百三十四億日元，營業利潤是六百一十億日元，兩組資料分別比上一年度增長了百分之三十九點八和百分之四十九點一。這一年，正是 Uniqlo 啟動「跨世代傳播」系統的第一年，如此大好的業績讓所有 Uniqlo 人看到了一個更加美好的未來。

◈內容與體驗是影音傳播的內核◈

在網路的說明下，Uniqlo 實現了二十四小時不間斷向全世界發布訊息的新特性，並且還做到了全年無休的新突破。

在網路宣傳中，勝部健太郎還借用了當下較為流行的部落格外掛程式的模式，為網路使用者免費提供一個有關 Uniqlo 的部落格外掛程式，每點一次，就可以獲得一次免費抽獎的機會。Uniqlo 透過這個外掛程式把每日特賣的消息直接宣傳給消費者，這大大增加了廣告的送達效果。

為了能夠更加及時快速發布 Uniqlo 賣場的訊息，柳井正在世界最大的微網誌網站之一 twitter 上開通了 Uniqlo 的頁面。因為 twitter 具有即時互動性和更新的快捷便利性之特點，因此在微網誌改變世界的今天，Uniqlo 已經處在時代潮流的領航位置。

因為部落格和微網誌用戶以個人居多，所以 Uniqlo 宣傳的重點便是坐在電腦前面的每個具象的人，而不再是透過明星或者模特的嘴巴來講述 Uniqlo 的優勢。勝部健太郎這樣形容部落格和微網誌帶來給 Uniqlo 的影響，他說：「到目前為止，在人類發明的傳播模式當中，沒有任何方式比部落格擁有更多可能性。因為部落格具有即時性、雙方向性和連續性，而且是由個人掌握散布情報的力量。」

在全世界使用網路的數量有數億人之多，網路把每一個個人橫向連結了起來。因為部落格和微網誌在 Web2.0 時代的獨有特點，一旦 Uniqlo 的廣告打動了其中某一個人的心，他就會主動變成 Uniqlo 的宣傳員，透過分享等方式讓其親朋好友可以在第一時間看到自己對 Uniqlo 的喜好，如此一傳十十傳百的模式，不僅省去了 Uniqlo 大筆的宣傳資金，更使得顧客對 Uniqlo 的偏好因為朋友的影響而具有明顯的好評性。

但真正引爆 Uniqlo 在網路上的活力的事情，卻要歸功於影音網站的強力宣傳。影音網站不同於以文字和照片為主的部落格，卻可以和微網誌工具連結起來，讓 Uniqlo 推出的廣告影片能夠如同文字一樣隨時被分享和轉載。大眾對於影音的喜好，使得 Uniqlo 放在影音網站上的廣告影片比文字更加具有吸引力，傳播率相應的也大大增加了。

面對一日千里的網路發展狀況，柳井正提出了「要在網路上推出有趣的內容，一定能讓消費者有所反應」的 Uniqlo 網路作戰模式。時值二〇〇六年 Uniqlo 官網改版之機，勝部健太郎找到了田中先生，他把 Uniqlo 未來的發展方式和經營策略告訴了田中，希望他能夠藉助網路的優勢把 Uniqlo 重磅推廣出去。並且，在勝部健太郎的建議下，柳井正還提供了 Uniqlo 網路事業創意總監的職位給田中。後來，田中回憶起這件事情的時候說：「Uniqlo 想要藉網站改版，建立一個 Uniqlo 和消費者之間聯絡的新平台，這就是 Uniqlo 心中所暢想的新媒體。」

相比之前的宣傳模式，田中發現了一個幾乎是在一夜之間新崛起的影音網站─Youtube。他說：「分析 Youtube 之後可以發現，較具人氣的動畫內容並非擁有故事性或有趣台詞。這類含有廣告元素的動畫，就廣義來說，展現了人類身體表現的動畫，反而較受歡迎。」這是針對既往的以文字和 FLASH 動畫宣傳為主的模式做出的新思考，儘管當時 Youtube 已經在國外具有了很高的知名度，但是把 Youtube 當成一個宣傳工具的想法，在日本還是第一次出現。

擺在田中面前的一個難題是，儘管 Youtube 有著非常龐大的用戶群。但網路上的影音廣告和電視上播放的廣告有著很大的區別，雖然兩者在展現形式上是完全一致的，但觀眾在觀看電視的時候是處於被動的狀態，電視上放什麼觀眾就要看什麼；但在網路上，如果一則廣告不夠新鮮動人，情節不夠曲折新穎，觀眾可能看到一半就直接把這個網頁關掉了。而且，網站上的搜索率排行榜是靠點擊率的多少實現的，點擊率又依靠口碑相傳。因此，想要在影音網站上做好Uniqlo的宣傳工作，這確實是一大挑戰。田中說，「不只影像本身要好玩，還要同時達到廣告宣傳的目的，這是最困難的部分。」

經過一番創意和討論之後，Uniqlo最後終於製做出了完整的廣告片。廣告以「舞蹈」為主題，畫面的內容是穿著Uniqlo服裝的舞蹈演員在跳舞，沒有任何的語言、文字，只有單純的舞蹈動作。田中想要以「最簡單的手法」來傳達出Uniqlo給穿衣者最大自由度的概念。在這個概念下，由田中監製的一款宣傳Uniqlo新款產品的廣告應運而生。畫面中呈現出的是聘用的舞蹈演員隨著音樂的節拍舞動身體。這則簡單到極致的廣告，在Youtube上突破了九十九萬人次的點擊率。並且因為觀眾的口耳相傳，放在Uniqlo官網上的同款廣告片也實現了超高的點擊率。

並且，Uniqlo官網上還上傳了影片中舞蹈的慢動作和分割畫面，大批的追求者開始學習這樣一套舞蹈。這則獨特創意的影片廣告和網路的良好結合成為了Uniqlo日後引以為經典的例子。二〇〇七年Uniqlo還推出了一款「UNIQLO JUMP」的廣告片。這一次，Uniqlo在全球五個國家、二十七個城市集齊了六百九十六名店員來參與廣告片的錄製工作，攝影師分別拍下大家起跳的瞬間，然後透過軟體合成做成了動畫廣告。田中說，全世界Uniqlo的店員，就是最好的宣傳媒介。

只有把企業和消費者直接連接起來進行宣傳，才能收到最好的效果。

毫無疑問，「UNIQLO JUMP」的創意方式再一次在網路上掀起了一股Uniqlo旋風。

◈娛樂傳播品牌文化◈

因為網路媒介的特殊性，Uniqlo不論是在部落格、微網誌，還是在以Youtube為主的影音網站的宣傳中，始終秉持著讓網友樂在其中的自發性宣傳策略。也就是說，Uniqlo始終堅持的是口碑策略，在網友上網娛樂的過程中無意識傳播了Uniqlo的品牌文化。在這一方面，做得最出色的不是影音網站，而是微網誌。

微網誌是繼部落格流行之後又一項網路功能，因其短小且即時性的特點而風靡網路。Uniqlo在追趕網路潮流這件事情上，從來沒有被時代落下過。他們在twitter上註冊了Uniqlo的帳戶之後所進行的一系列行銷活動，同樣突破了人們對Uniqlo的固有想像力。

為了宣傳Uniqlo的「UT ALL-Star」T恤系列，二〇一〇年Uniqlo在twitter上和網友之間展開了平等的互動溝通。在網路的平台上，任何網友都可以完全自由表達自己對Uniqlo的評價和建議。並且，為了迎合網路使用者的喜好，Uniqlo 還把推銷新款服裝的廣告融入到了網路互動遊戲中。Uniqlo 推出了一款名為「UTweet」的互動遊戲，網友只要在 twitter 上把「UTweet」作為關鍵字敲入搜索欄中，就能夠輕鬆找到這款互動遊戲。

真正的主角這時候才剛剛登場。當網友按照遊戲的流程一步步進行下去之後，才會豁然發現自己的網路頭像成了遊戲中的主角。對網友們來說，這不僅是一個開心的小遊戲，更讓閒在家中的宅男宅女們真正過了一把明星癮。

製作這樣一款互動小遊戲其實並不需要多麼高明的軟體技巧，卻貴在「創意」二字。當「UTweet」的互動遊戲在臺灣開始風行的時候，數位行銷論壇電子報就指出，「在『Utweet』參與互動遊戲，就像在閒來無事時，用搜尋引擎查詢自己的名字，而且還能比搜尋引擎帶來更多的驚喜。因為 Uniqlo 給了網友製作個人化廣告的主導權，而且還可以挖掘網友間存在的潛在共通性。」這裡所說的驚喜，正是網友在遊戲中體驗到的被服務性和被尊重性。

Uniqlo 在網遊的娛樂活動中，不知不覺把品牌形象傳播了出去。「UTweet」這款遊戲的設計，完全秉承了 Uniqlo「穿衣服的人才是主角」的概念，不管何時，只要參加到遊戲之中，其他的一切都是為參與遊戲的網友充當綠葉。這也大大激發了網友的興趣和好奇心。而以 Facebook 為主的社交網路的風行，更讓這份好奇心在網路的作用下無限放大。

基於網友的自發宣傳，Uniqlo 其實根本就不需要花費天價廣告費用，就能夠為自己積累下良好的企業形象。而擴大品牌知名度和影響力，只是水到渠成的事情。

促使 Uniqlo 要在網路行銷上取得成功的根本原因在於，網路已經日漸發展成具有最廣泛受眾群的媒介之典型代表。現如今，藉用 Uniqlo 曾經成功的網路宣傳模式做自我品牌推廣的網路廣告，已經屢見不鮮了。當初 Uniqlo 推出「UTweet」這樣一款以網友為創意主角的互動性遊戲的時候，在成功吸引了網友的注意力的同時，還融合了許多企業自身的經營理念和文化價值。把這樣高的附加價值融合在一起，並不是所有網友都能夠從這麼一個簡單的互動遊戲中就可以體驗出來的，但網友因為遊戲而認識了 Uniqlo 和 Uniqlo 的最新服裝款式卻是不爭的事實。

柳井正曾經說，消費者在決定購買商品之前總是會在潛意識中去考慮一下這家公司留給自己的企業形象。縱然消費者意識不到自己做了這件事情，卻不能夠否認企業形象的重要性。同理，縱然網友並沒有從遊戲中意識到 Uniqlo 的企業形象，但 Uniqlo 已經在潛意識中把自己的企業形象傳遞到了遊戲者的腦海中。相反，如果鮮明的、甚至赤裸的在遊戲中表明了 Uniqlo 宣傳的目的，反倒不是高明所在了。

勝部健太郎說，在製作網路廣告（包括網路互動遊戲在內）的時候，最原始的企劃概念就是Uniqlo的「減法哲學」。透過不斷消減的方式，最後傳達給消費者的訊息越簡單越好。網路是一個瞬息萬變的事物，複雜的概念往往很難引起人們的興趣，只有簡單且易懂的內容才能夠給你深刻印象。這也正是Uniqlo在網路行銷時代一直秉承的宣傳策略。

◈UNIQLOCK——頂級傳播大創舉◈

網路的滲透力是沒有國界的，Uniqlo在網路時代的成功是有目共睹的事實。勝部健太郎在接受訪問時曾表示，把日本好的地方，把新時代日本好的地方，確實灌注到廣告中進而向世界發出宣傳的聲音，這就是Uniqlo和其他服飾品牌最大的差異。來自國際間網友的各種反應，也讓勝部健太郎和田中明白了從日本發出訊息的重要性，並且從中收穫了更多的自信。

鑒於當下的年輕人都在追尋「酷」、「潮」等新潮名詞，Uniqlo順勢推出了一款名為UNIQLOCK的部落格外掛程式。只要登錄「UNIQLOCK」的官網網址，就會發現一幅以日本為中心的世界地圖。在這幅地圖中，凡是正在使用「UNIQLOCK」的人，就會被圓圈圈起來，並且還能夠顯示這個城市有多人在和你一起使用「UNIQLOCK」的外掛程式。整幅畫面以每五秒鐘更新一次的頻率不間斷顯示著各個數字的變化。只要你在任何一個圓圈內用滑鼠輕輕一點，就能夠輕鬆進入該地區正在使用「UNIQLOCK」外掛程式的一個隨機部落格中。因為「UNIQLOCK」，而讓兩個本來毫不相關的人，在瞬間透過網路連接到一起。

柳井正解釋說，「UNIQLOCK」的意思是「Music×Dance×Clock」。在全世界的範圍內，人們之所以無法溝通是因為語言不通而存在障礙，但音樂、舞蹈和時間這三者是可以超越任何語言而獨立存在的。因此，Uniqlo 希望能夠借用「UNIQLOCK」這個小小的外掛程式而把 Uniqlo 經營的哲思傳播到世界各地。毫無疑問，這是柳井正和 Uniqlo 的一大創舉。當有人問到柳井正怎麼會想出這樣一個不可思議的念頭時，柳井正說其實這一切都源自於最初的一個十分模糊的概念。

當時是二〇〇七年的春天，為了替新上市的 POLO 衫做企劃宣傳，田中提交了兩份提案，第一份的主題就是「UNIQLOCK」，即「能夠永遠持續的音樂舞蹈鐘」；第二份的主題是「以部落格為擴散中心」。最後，在所有人的集體討論下，得出來的結果是把兩者綜合起來，利用部落格的平台來傳播「UNIQLOCK」。

田中先生依舊喜歡用有節奏的舞蹈形態來展現 Uniqlo 服裝的風采，而用時鐘來表達節奏的概念，當時還沒有人嘗試過。雖然是第一個，但田中相信自己的創意一定能夠紅起來。「unique」和「clock」的結合造就了新詞彙「UNIQLOCK」。他再用具有濃重文藝色彩的「Music×Dance×Clock」組合作為副標題，使得對音樂、舞蹈和時間三者之一感興趣的人們毫不猶豫用滑鼠點了下去。

田中把這一件廣告的形式簡化到只剩下了 Uniqlo 的名字和十分抽象化的概念，後來田中談到，這樣一份極致主義的廣告提案之所以能夠通過，這和 Uniqlo 與眾不同的廣告創作方式有關。他說：「一般企劃只執行到這種階段，就很難讓合作繼續下去。大部分的情況會是為了讓客戶點頭，就開始加入一堆沒用的理論，從而模糊了企劃本身的賣點。」但因為 Uniqlo 有著自己的廣告創作部門，而柳井正會給創造者提供絕對自由的平台，當田中和柳井正開始正面談及這件事情的時候，沒有人知道按照這個思路發展下去會有什麼樣的結果。但最後柳井正選擇了去承擔起這份風險，他說：「如果有執行的可能，那就把這件事情繼續下去吧！」

對於製作這樣一個獨特的創意，勝部健太郎也有自己的想法。他說，「UNIQLOCK」之所以能夠如此成功，一個很大的前提是誰也不願意上網去專門看廣告。所以 Uniqlo 要做的事情就是混淆受眾對於廣告的定義，讓所有的網友都把「UNIQLOCK」看成是一個和世界某個地方不知名的網友溝通的工具，而不是 Uniqlo 做的廣告。並且，田中還補充說，最後在「UNIQLOCK」的連結中放進去的圖片和影片都刻意模糊了國界的特徵，取而代之的是以日常生活中都會遇到的小情節為主的描寫對象，從而更加拉近了兩個不同地區從未見過面的網友之間的距離。

這樣一份獨特的廣告創意形式，最終讓田中和勝部健太郎在坎城國際創意節上一舉拿下了最具有分量的整合行銷廣告獎。

勝部健太郎在得獎之後，把所有的功勞都歸於了柳井正。他說，是因為柳井正對自己的信任才能夠讓這樣一份獨具創意的廣告得以實施。他和田中一致認為，「UNIQLOCK」之所以能夠獲得成功，很大程度上取決於決策過程的順利進行，並且決策層還為「UNIQLOCK」這一提案保留下來盡可能多的原始創意，從而才有了這一份特殊的榮譽擺在他們面前。

「讓時間變成一種視覺化的產物。」在設計「UNIQLOCK」這一外掛程式的時候勝部健太郎如是說。在「UNIQLOCK」更新換代的過程中，Uniqlo 創意部門的人員悉心聽取了來自世界各地網友的回饋，從而決定在新一代的外掛程式中應該保留什麼和捨棄什麼。儘管也有部分媒體對這一外掛程式產生了因妒生恨的情緒，卻抵抗不住其在網路上的流行。到二〇〇九年八月為止，「UNIQLOCK」已經成功吸引超過兩百一十個國家、三億三千萬人次以上的點擊率，更有九十三個國家的七萬四千多位部落客，在自己的部落格中貼上「UNIQLOCK」的標籤。

面對這樣一份難得的成功，柳井正說，網路是所有發送情報的手段中最有效的工具。只要善用網路，就能夠把 Uniqlo 想要傳遞的資訊安全且高效率送達到全世界每個人的手中。Uniqlo 沒有透過廣告公司來做這件事情。跳過廣告產業的中間段而讓消費者和創意人展開對等的交流，才能更加直接表達出 Uniqlo 的理念和文化價值。

對 Uniqlo 來說，每個消費者都是情人，只有甩掉廣告公司，親自寫「情書」給顧客，才能流露出其最真摯的感情，從而打動每一個曾經耳聞或是第一次接觸到 Uniqlo 的消費者的心。

第七章　最理想的企業是全員經營

◈拒絕「YES MAN」◈

杜拉克曾經在書中提道：「每個知識工作者，都必須把自己當成企業家來行動。在以知識為中心的現代社會，廣告經營者是無法獲得成功的。」柳井正一直以來十分推崇杜拉克的經營哲學，看到這句話的時候，他也在思考如何讓Uniqlo中的知識工作者真正把自己的身分轉變成公司的經營者，而不是單純作為Uniqlo雇用的「奴僕」。

這是杜拉克在一九五九年提出的概念，當時他就已經意識到現代社會必然會進入一個以知識為重心的階段，所有掌握了知識力量的人必須用自己的能力去支撐起整個公司的營運。這些掌握了專業知識的人，被杜拉克稱之為「知識工作者」。杜拉克堅持認為，只有掌握了專業技術和知識，並且能夠自主高效率完成工作，這樣的人才是一家企業真正所需要的員工。「知識工作者會知道，只有在組織下工作，才能獲得薪資和成長機會；因為組織有巨額的投資，才能讓自己得到工作；在此同時，組織也得依賴自己。」杜拉克把知識工作者和企業的命運連在了一起。而這樣的概念放在以情報搜集和處理為重要導向標的 Uniqlo 中時，知識工作者的角色顯得更加重要。

因此，柳井正期望的工作方式是每一個 Uniqlo 的員工都能夠成為高效率的知識工作者，在處理 Uniqlo 和顧客關係層面上可以做到完全自主且可信任。日本傳統的經營模式依舊擺脫不了具有主僕關係的階層。大家普遍認為，只有公司的最高階管理人員才是具有最終決定權的人，這樣的經營方式不可避免會讓包括 Uniqlo 在內的、迅速崛起的現代企業又重新陷入陳舊的經營模式中。對柳井正來說，他根本就不可能親自去搜集來自消費者的各種資訊回饋，Uniqlo 想要長久存在並且發展下去，唯一的方法就是加強員工的自主性，讓每一個員工都拒絕成為「YES MAN」（即只會點頭稱是，不提反對意見的人）。

對於杜拉克提出的「知識工作者」的概念，柳井正表示深深認同。他說，如果 Uniqlo 的員工只知道一味遵從自己這個社長的命令，那麼 Uniqlo 一定會面臨重大的失敗。一個成功的現代企業，需要的不僅是社長的高瞻遠矚，更需要每一個員工的獨立思考。這樣一來，當社長在某些問題上犯錯的時候，員工就能夠及時給予批評和指正。「YES MAN」只會讓掌握了技術和知識的員工變成另一個只懂得唯命是從的執行者，卻永遠都變不成一個真正的經營者。

因此，想要做好一個知識工作者並不容易。單純擁有知識的人，只會把自己所掌握的知識機械的應用在工作之中，卻不懂得如何才能更好的、同時也更加簡便的發揮知識的附加價值。不會工作的人，只明白如何完成自己的工作任務；懂得工作的人，思考的卻是如何使自己的工作成績最優化。在Uniqlo，杜拉克曾經提到的知識工作者不再是坐在辦公室為公司的未來發展方向做出決策的人，而是每一個和顧客有著最近距離接觸的店員。柳井正對杜拉克的思維進行了Uniqlo化，以便讓每一個Uniqlo的員工都能夠明白自己和Uniqlo其實是一個整體，是密不可分的且唇亡齒寒的相互依存關係。

但如果非要對Uniqlo的員工做出等級劃分的話，柳井正認為各個分店的店長才是工作的重中之重。Uniqlo店鋪數量眾多且分布範圍廣泛，要想了解到該地區消費者的消費喜好和消費潛力，需要每一家店的店長能夠對自己所服務的範圍做出精準分析。店長的責任不僅僅是維持店鋪的正常營運，更要考慮到如何去抓住消費者的眼球，以及研究並預測究竟開發出什麼樣的新款服裝才能夠賣得更好。並且，店長還要具備相應的判斷能力，以便迅銷公司總部可以根據店長彙報的情況及時向生產廠商增加或者縮減訂單的數量。

身為 Uniqlo 的店長，必須要有同公司生死與共的概念。從細心的市場調查，到新款商品的企劃和販賣，店長都需要提出自己與眾不同的見解才能夠為企業帶來更多的發展機遇，這同時也是在為自己創造成長的條件。這就是為什麼在 Uniqlo，店長一直被看成最重要的員工的原因所在。

柳井正以杜拉克提出的「知識工作者」的概念為基準，重新提出了一個新概念，叫做「公務員意識」。這也是當下日本企業內風行的一種工作作風。凡是具備了公務員心態的員工，一來因為年齡偏大而不再有創新性的精力和想法，二來年輕的員工常常片面關注於物質上的享受而不願意透過努力進取和奮鬥去追求希望和夢想。因此，「公務員意識」和「YES MAN」已經成為了日本企業想要大力前進的最大障礙。

柳井正說，擁有公務員心態的人，整天都在等待著別人下命令給自己才會有工作的驅動力。但這始終是被動的工作方式，面對日益激烈的市場競爭，尤其是隨著 Uniqlo 全球化的腳步越來越快，這樣的員工只有被淘汰的命運。因為在 Uniqlo，人人都是經營者，沒有任何員工和他所屬的企業毫無瓜葛，你若是對公司毫不在乎，公司也會對你報以同樣的態度。

唯一不同的是，你失去了公司提供的工作職位，可能就失去了一切；但公司失去了你，馬上就會有另一個你前來代替。因此，拒絕做「YES MAN」，才是能夠讓公司和個人都有一個更好未來的唯一出路。

◈人人都是經營者◈

在Uniqlo的經營理念中，杜拉克的「知識工作者」和柳井正的「公務員心態」的概念都被寫進了經營章程中。其在第九條中提到，政策實行的速度、員工工作的態度、對於傳統模式的革新、新頒布方法的執行力度，都會對企業的行銷活動產生一定程度的影響。柳井正希望，Uniqlo的所有員工都能夠保持著自己獨特的經營理念，即便這個理念不一定會和Uniqlo的經營理念完全重合，但最起碼可以保證員工的獨立思考性。員工從來不僅是企業的追隨者，每一個員工都可以是企業的領導者，然而最關鍵的問題是從來沒有人敢於站在領導者的位置去思考。退而求其次，對於自己的工作，員工必須充當起領導自己的角色，畢竟在自己熟悉的領域，只有你自己說了算。

在傳統的經營模式和經營理念下，員工們通常會考慮一家企業的福利怎麼樣，自己在這家企業工作會不會有更為長遠的發展。柳井正卻根據杜拉克思維提出了一個全新的概念，他說企業經營者的唯一目標就是讓企業能夠賺到錢，只有企業成長了，才能夠分出更多的精力去為自己的員工謀福利。但企業的成長絕對不只是頂端決策層的功勞，許多看不見的付出其實都是企業背後員工們的默默辛勞，如果企業不能夠盈利賺錢，達不成既定的目標任務，企業就不會有未來，如此一來在該企業工作的任何一個普通員工都會受到影響。因此，在經濟日益全球化的當下，Uniqlo面臨的是來自於全球範圍的挑戰，當然相應也充滿了機遇。但經濟不景氣是必須要接受的現狀，在如此委靡的狀態中，零售業必然是受到打擊最大的一個行業。所以為了 Uniqlo 能夠持續發展，也為了每一位員工都能夠從 Uniqlo 的發展中得到切實的利益，柳井正最美好的願景是每一位 Uniqlo 的員工都能夠問自己到底為公司做了什麼，而不是公司為自己做了什麼。

柳井正把這一經營概念稱之為「全員經營」。他說，「全員經營」意味著公司裡面的任何一個員工都要對經營這家公司保持著濃厚的興趣，每個人都應該在如何把公司做得更好這件事情上相互交流各自的意見。只有集合群眾的智慧，才能準確找到 Uniqlo 未來發展的方向。換個角度考慮，「全員經營」的概念就是說，每一個員工要改變既往的完全聽從於上級主管指令的工作方式，在面對問題的時候，要學會主動去尋求解決問題的方法。靠自己的思考來行動，這才是全員經營最主旨的內容。

柳井正提出的「全員經營」概念和杜拉克提出的「知識工作者」的概念有很大的相同之處。「全員經營」的一個重要基礎是，每個Uniqlo的員工都要具備和經營企業相關的知識背景，知識才是力量，只有具備了相關的專業知識才能在問題發生時做出精確的判斷且提出合理的解決之道。但在範圍上，「全員經營」顯然更加廣泛。後者的著重對象主要是公司的決策層和高級管理人員，而「全員經營」則完全拋棄了人與人之間等級的限制，只要具備了相關的知識和經驗，就能夠完全自由表達自己的見解。在面對問題的時候，從來沒有上下級之分，誰提出的方法可以最有效解決問題，誰才是真正的王道。

因此，在「全員經營」的理念下，只要員工擁有足夠的知識和經驗，那他就具備了把知識轉換成生產力的可能性。在這種狀態下，員工沒有必要再死死等著上司下達命令後才去行動，如果能夠主動出擊並且在解決問題的過程中充分展示自己的努力和才華，那他們在提高了工作效率的同時，還為自己的晉升贏得了可能性。

在全員經營的時代，員工和管理者之間的關係將不再是僵硬的命令與聽從命令的方式。具備了創造力和執行力的知識工作者是公司最寶貴的財富，有這些知識工作者的推動，公司才能不斷前進。此時，企業的經營者所要做的事情是讓自己始終像是方向盤一樣把握好前進的方向。只有把煩雜的事務交給更合適的人去處理，經營者才能更集中精力去思考方向性的問題。

畢竟，事無巨細的主管並不能稱為一個好主管。對屬下工作能力的充分信任，才是為自己贏得民心的基礎所在。

一家企業如若得不到成長，那麼再有才華的員工也不可能有施展才華的機遇；一個員工不求上進，再具有發展潛力的企業也永遠只能夠徘徊不前。柳井正在總結 Uniqlo 近幾年的發展關鍵字時，他把「成長」放在了最首位。柳井正說，不論是對 Uniqlo 來說，還是對 Uniqlo 的員工來說，「成長」這個詞都具有非同尋常的意義。因為員工和公司的緊密結合，才使得「成長」二字具備了雙關的含義。企業要做的事情是為員工的成長提供環境，而員工要做的事情是為企業的成長提供無限可能性。這就像是水離不開魚，魚也離不開水一樣，Uniqlo 對每一個員工的負責，換來的是每一個員工對 Uniqlo 的負責。這樣才是最完美的企業應該呈現出來的基本態勢。

◆活絡人才跑道◆

既然每個人都可以成為 Uniqlo 的經營者，那迫在眉睫的問題是—是否每個人都具備足夠的知識背景來承擔起這樣的重任。為此，柳井正不得不對 Uniqlo 的員工做系統知識的強化訓練。在店鋪的銷售成績主導一切的時代下，所有訓練的內容都是為了能夠快速培養出具備足夠實戰經驗和管理才能的候補店長做準備。Uniqlo 發展的最大障礙是人才的短缺，因此這樣的培訓方式也就顯得十分必要。

Uniqlo 的店長們需要承擔起一年內實現數億日元的營業額，同時還要管理數十位員工，這樣一個看似需要具備相當實力的職位，其實只要在 Uniqlo 的內部培訓下積累一到兩年的經驗，員工就完全可以勝任。因為這一過程遠遠超越了其他企業同類型培訓的時間，所以外界人員習慣性把 Uniqlo 獨有的培訓系統稱之為「Uniqlo 大學」。Uniqlo 整個的培訓過程是既完整又十分科學的，從課程的安排來看，那和正規的大學教育體系別無二致。每一年，Uniqlo 都會招納四百名左右的新人作為儲備人才，這些新員工在進入 Uniqlo 之後，最重要的事情是在工作之外還要接受集中培訓，每次培訓需要三天兩夜的時間，前後一共需要四次的培訓，這才能算是一個完整的學習過程。也正是在培訓數量和培訓品質上遠遠超出了同行業的競爭者，Uniqlo 在培養人才這條道路上才不會出現所教理論不符合經營實際的尷尬狀況。

這麼做的目的很明顯，Uniqlo 正在盡最大的努力來彌補自身人才不足的缺陷。在整個培訓過程中，Uniqlo 對學員的要求可不僅僅只是學習，柳井正要求每個員工最後要真正回到工作職位上，用和消費者打交道的實戰經驗來驗證所學理論的正確性。並且，老師還會在不同的階段留給學員們不同的課題，根據學員在不同店鋪的不同表現在下一次上課的時候再進行相應的調整。這樣費心去做的目的只有一個，就是讓學員得到最快速的成長。針對不同的學員，老師需要做出各種準備方案，而學員也需要提前對 Uniqlo 的培訓課程做好足夠的心理準備。畢竟，Uniqlo 的培訓課程可不是簡單的走過場。

值得一提的是，在培訓課程中，老師們會把每一個學員都當成未來的管理者來培養，而不是根據每個人不同的銷售經驗做出區別對待。這也恰好暗合了 Uniqlo 的每個人都是經營者的理念。在培訓結束後，並不是每個學員都能真的當上店長。與一個員工未來的職業走向掛鉤的是他在店中的表現成績。每個店員每天的工作成效都會被準確記錄下來，以當做是對該員工能力的評價標準。Uniqlo 突破了常規模式的一點在於，只要是符合店長標準的員工，就會被破格提升為店長，而不是按照傳統的模式。同理，想要在 Uniqlo 做店長，就必須要通過每個月的業務評價和考核。這也就可以解釋為什麼同時進店的新店員，有的人僅僅幾個月後就成了店長，而有的人兩三年之後還是一個普通的店員。

在活絡人才跑道這件事情上，Uniqlo 可以當之無愧被稱為「不拘一格降人才」。鑒於大學應屆畢業生缺乏足夠的社會經驗，一般的公司並不願意接受這樣一群人進店工作，更不會去提拔他們擔任店長這樣的重任。但在 Uniqlo，讓年輕的員工擔負起店長的重擔，正在成為越來越普遍的事情。柳井正說，一個優秀的店長需要足夠的銷售現場實戰經驗的磨煉，對於年輕人來說，他們所擁有的時間就是最寶貴的財富。所以 Uniqlo 從來不介意年輕人進入管理層，Uniqlo 會給每一個年輕人提供犯錯的機會，只有這樣他們才能夠快速成長起來，最終成長為一名成熟的企業管理人員。

雖然培訓人才是公司的規劃，而 Uniqlo 也做到了盡量尊重各自的意願，店長依然是最熱門的職位，但並不是每個員工都想要成長為需要承擔極大壓力的店長。Uniqlo 為了滿足不同員工的不同夢想，盡最大限度打破了公司內部其他職位的開放程度。無論是管理部門、行銷部門、生產部門還是海外部門，都提供了極具吸引力的職位。對於擁有夢想的員工來說，他們需要做的僅僅是加倍努力，盡一切可能挑戰自己。

同時，Uniqlo 還會開展各種形式的內部招聘。只要有意向，完全可以向自己感興趣的職位投遞簡歷。從一個部門轉到另一個部門，體驗不一樣的工作方式，是 Uniqlo 高級管理層的共識。只有這樣，才能培養出能夠獨當一面的全面人才。只要自己有心，Uniqlo設定的規則從來不是阻擋員工前進的絆腳石。

柳井正設計的這一系列獨特的人才起飛跑道，徹底激發了員工們工作和學習的熱情。只要給予員工足夠的希望，他們就能夠收穫更多的成長。這在很大程度上算是Uniqlo以自我革新的方式來順應社會潮流的創新之舉，畢竟，只有讓人才跑道充分活絡起來，才能帶動一個真正具有生命力的Uniqlo走向全世界。

◈自我革新才能順應社會◈

每一年的元旦，柳井正都會發一封電子郵件給全體Uniqlo的員工，一方面是要慰勞大家在過去一年中的辛苦，另一方面會提到自己對新的一年Uniqlo發展目標的構想。有一個概念—自我革新—雖然柳井正只是在二〇〇四年發出的電子郵件中提到過，卻是Uniqlo一直以來從沒放棄過的事情。

柳井正希望Uniqlo的員工能夠把「自我革新」放在首位，每一個員工都需要做到自我批評，從而改變自己慣常的行動姿態。一個真正具備自我革新能力的人，其發展潛力不可估量。柳井正透過這封電子郵件想要傳達給 Uniqlo 員工的概念是，一家企業想要在日趨激烈的市場競爭中獲勝，需要有長遠的思考能力和敢於否定自我的革新能力。面對風行的潮流，沒有人可以以一己之力去改變流行風尚的走向，因此只有不斷革新自我，才能始終保持和潮流相一致的步伐。但最根本的問題在於，企業的革新，依靠的必定是 Uniqlo 中每一個「螺絲釘」思想上的轉變。

只有自我革新，才能夠做到順應社會潮流。但對於普通人來說，對自己評價，完全是不現實的事情。沒有人會認為自己做錯了，即便自己的提案沒有被通過，也沒有人會覺得自己的提案中存在問題，這其實是自己能力不足的表現。正是因為普通人都是用自己認定的標準來衡量世界，而不是用一個相對公平的標準來衡量自己，才會導致自我評價的不切實性。但柳井正提出這一概念的目的並不在於要某個員工去評斷自己到底是真的行還是不行，他希望看到的唯一結果是該員工到底做還是不做。只要你去做了，哪怕得出來的結論並不一定完全正確，也已經算是進步了。

對 Uniqlo 的員工來說，社長柳井正提出的「自我革新」理念無疑是在為企業的更好發展服務。柳井正一直以來都想要把 Uniqlo 做到休閒服裝業的世界第一名，他希望自己的員工能夠全力去執行所配給的任務，同時也要有從既往的任務中發現缺陷並及時改正的實際行動。一家企業能否在國際市場的競爭中獲勝，首先靠的是產品的品質，其次靠的就是企業的軟服務。在這一點上，只有經營者的經營思路轉變是遠遠不夠的，它更加需要真正站在銷售第一線的員工把經營者的理念透過自己的理解來傳遞給消費者。只有自我改變，才能夠改變企業，這是柳井正對 Uniqlo 員工的基本要求。

但計畫終歸趕不上變化，二〇〇五年 Uniqlo 遭受到了空前的經濟危機，為了鼓勵員工能夠重新振奮起精神來，柳井正把「自我革新」的口號改成了「二次創業」。其實，這只是在名號上有了改變，口號背後的實質依然保留了下來。這一年，是柳井正重新回到迅銷公司的第一年。為了挽救在下坡路上狂奔的 Uniqlo 戰車，柳井正果斷做出了一個決定。他說，如果想要企業成長起來，就必須有大幹一場的創業精神。面對新的挑戰，片面求穩妥，雖然不會失敗，但也就不會因為失敗而產生走向成功的經驗。

所以他對 Uniqlo 的員工定下的標準是，永遠不要因循守舊，一個優秀的員工要有敢於否定自己的精神，在有好的創意和想法的時候要能夠做到立即執行。保持「即斷、即決、即行」的工作態度，才能讓大家共有的 Uniqlo 充滿足夠的能量以快速成長。

在企業發展的過程中，最重要不是與誰為敵，而是經營者知曉自己的方向是否明確。很顯然，柳井正想要看到的 Uniqlo 一定是站在世界巔峰上最耀眼的明星。為此，他經常把「世界」兩個字掛在嘴邊。當面對全球化不可遏止的浪潮時，如果再一味把眼光鎖在日本國內市場，無疑等於放棄了把 Uniqlo 做大做強的大好時機。因此，在二〇〇六年，柳井正又提出了「現場、現物、現實」的概念，這一次他希望 Uniqlo 的全體員工能夠和自己一起重新回到經營的起點，以店鋪的服務為最高標準，為 Uniqlo 能夠在世界的舞台上展露頭角打下堅實的基礎。

在潮流不斷變革的過程中，柳井正做到的唯一事情是改變自己，緊跟潮流的方向，推進 Uniqlo 不斷前進，而這也是最重要的一件事情。他曾經說過，我們所做的每一件事都是以消費者為出發點，當顧客在 Uniqlo 消費完之後得到了滿足，我們的店鋪、商品、員工和整個 Uniqlo 才能夠具備成為世界第一的可能性。

所以，在每一年元旦，柳井正寫給 Uniqlo 員工的電子郵件中，他雖然不再提到「自我革新」的概念，但永遠都會把「服務」放在最重要的位置。滿足顧客不同的需求，是員工和企業革新的根本目標，也是促進 Uniqlo 逐漸成長起來從而和世界知名服裝品牌相角力的唯一標準。

◈「FR-MIC」與「民族大移動」◈

柳井正期望日後的Uniqlo能夠真正成長為一家獨一無二的休閒服裝店鋪。而在世界舞台上，想要和世界知名品牌相角逐，就需要用世界標準來規範Uniqlo。同時，也必須用世界上最好的方法來經營Uniqlo。簡單來說，想要讓Uniqlo國際化，就需要先國際化Uniqlo。

在服裝零售業，Uniqlo是日本第一家想要打造出一個商業王國的企業。在接受採訪的時候，柳井正滿懷信心說，Uniqlo在不久後一定能夠成長為一家在國際舞台上代表著日本的零售商。當被追問到為什麼現如今的日本企業很難走出國門時，他一語道破了天機。柳井正說，日本現存的大多數企業都只是在用日本傳統的模式管理，但是想要在國際賽場上和其他的企業一較高下，就必須先讓自己熟悉國際賽場的規則。單純把在日本的成功模式照搬到國際市場上，只會產生水土不服的效果。不論是針對已經十分發達的歐美國家，還是針對尚欠開發的亞太地區的發展中國家，日本永遠都是處於中間態。但人們往往忽略了一點，在國際舞台上，發達國家和發展中國家其實都在運用同一種國際規則來互通有無，日本企業想要走向國際，也必須迅速適應這一規則。

在每年元旦的電子郵件中，柳井正或多或少都會提及全球化的企業思維和人事策略。為了讓

Uniqlo能夠更快在國際舞台上站穩腳跟，柳井正還提出了讓員工到海外工作的設想。其實，柳井正心中還有一個內在的情結。在向海外輸送人才的同時，他有意從Uniqlo的員工中挑出數位精英送到國外去學習先進的管理經驗，以便能夠為接管自己的職位提前做好準備。

為了尋求到合適的接班人，Uniqlo在二〇一〇年四月分選出了一百位透過Uniqlo內部幹部培訓機關「FR-MIC」成長起來的優秀人才，他們將和Uniqlo從海外員工中挑選出來的一百名優秀員工一起被送到次世代公司接受經營理念的教育和訓練。

「FR-MIC」計畫具有很明顯的目的性。在培訓的過程中，Uniqlo將與一橋大學、哈佛大學和瑞士商學院IMD三方合作，以圖打造出具備日、美、歐三方教學體系構成的人才培訓系統。培訓中還會不時邀請到顧問公司或者其他知名公司的經營者擔當客座教授以指導經營理念和原理原則問題。同時，在Uniqlo中發生的真實案例還會被即時寫進教學課件之中，以培養切實可行的經營實戰技能。

「FR-MIC」培訓的最直接目的，就是為Uniqlo將來在國際舞台上一展頭角做好最充足的準備。柳井正特意安排的日、美、歐的培訓模式，就是要讓這些優秀的員工不但可以接觸到世界上最先進的經營理念，還能夠從學習中分辨出各自的優劣以便尋找到最適合Uniqlo經營的新模式。

並且，鑒於 Uniqlo 採用的是以店鋪為主導的經營模式，店長在 Uniqlo 全球化的過程中起著至關重要的作用。因此，「FR-MIC」培訓中更加注重對個人能力的培養。

柳井正這樣解釋說，全球化浪潮中，企業的多國籍化是不可避免的，並且這也是一家企業的最終走向。但在未來，將會出現個人全球化的趨勢。因此，柳井正把 Uniqlo 正在進行的培訓計畫稱之為「民族大移動」。透過「FR-MIC」培訓出來的精英員工只有在世界各地積累起豐富的海外經驗，才能從容應對因為地區和文化的差異而引起的各種誤會和爭端。想要實現 Uniqlo 的國際化，第一步是要讓 Uniqlo 的員工具備國際化的理念，當每一個員工都完全國際化的時候，Uniqlo 自然也從上至下完全國際化了。採用「民族大移動」的策略就是要削除員工固有的經營特點和經營方式，重新灌輸給他們無差別的國際經營理念，真正實現民族上的無差別性。畢竟，只有先把自己改變，才能夠改變企業的未來。

但在「FR-MIC」培訓中，也有人質疑柳井正曾經提出的「全員經營」的概念，他們認為柳井正這一次是在進行精英教育，和之前的經營理念完全背離了。柳井正說，全員經營的理念最後依靠的還是每個人的業務能力，如果不去強化員工的個人能力，而片面強調整體作戰，再強大的組織也終會因此而瓦解。提升員工個人的能力，是把 Uniqlo 推向全球化的第一步，同時也是最重要的一步，更是不可或缺的一步。他曾經希望自己能夠親自到「FR-MIC」去任教，以便把自己的經營理念完整傳達給學員。他說，自己希望的「FR-MIC」應該是可以培訓出和Uniqlo在一起工作一輩子的員工。

◆植入杜拉克思維◆

柳井正曾經對人說，自己這一輩子最尊敬的人只有兩個，一個是日本的企業家松下幸之助，另一個就是被譽為「現代管理學之父」的杜拉克。松下幸之助擁有完全屬於自己的產業，因此他可以從多次的實戰之中總結出企業經營的經驗教訓；杜拉克卻是從一個客觀觀察者的角度去分析問題，從而總結出企業發展之路。

柳井正自認為杜拉克的思想曾幫助他在Uniqlo的經營上克服了許多難關。杜拉克的每一本書，他都仔細閱讀過，有些比較經典的書籍都被柳井正翻出了破損的邊緣。日本一家電視台曾經邀請柳井正做客節目訪談，結果柳井正卻在電視上滔滔不絕談論杜拉克的商業理念。這期節目的製作人透露說，柳井正還曾經把他自己閱讀過的杜拉克的所有書籍帶到了現場，當現場的觀眾看到他在書本上的每一頁上都密密麻麻做滿了筆記時，柳井正的好學精神震驚了在場的所有人。

然而，杜拉克的書中並沒有提到如何才能讓服裝銷量更好，那為什麼柳井正如此痴迷杜拉克呢？柳井正解釋說，雖然杜拉克的書中並沒有提到具體的經營方式，卻有很多關於工作的本質、社會的本質和人類的本質描述。只要把這些高度抽象且理論化的語句吃透了，再靈活運用到公司的經營活動中，那一定是一件受益匪淺的事情。最明顯的一點是，Uniqlo 奉顧客至上的理念就來源於杜拉克的「顧客的創造」理論；以及後來的「知識工作者」，也對 Uniqlo 的經營產生了決定性的影響。柳井正說，杜拉克在書中所講述的事情，就像是一位年長的伯父在身邊手把手教自己經營一樣，杜拉克已經盡量在用最淺顯易懂的方式來把這些理論講清楚，而現在唯一缺少的就是把這些理論應用到公司客觀實際經營中去的人。

柳井正把杜拉克當成是自己的導師，每一年 Uniqlo 的新成員進駐的時候，他都要送給每個人一本杜拉克的《有效管理者》。柳井正希望這些新員工能夠在工作閒暇之餘，從杜拉克的書中汲取更多的營養。儘管對於初學者來說，杜拉克的理論仍舊顯得過於枯燥，當初剛開始經營 Uniqlo 的柳井正也有過這樣的念想。但在掌管 Uniqlo 十多年之後，當他再一次拿起杜拉克的書看時，才發現這個人的非一般性；面對 Uniqlo 新成員的質疑，柳井正說：「我現在了解的事情，如果同仁們能在現在的年紀就知道，或許可以更早得到成功。」這也是柳井正希望在 Uniqlo 深植杜拉克思想的最大原因。

柳井正發給 Uniqlo 新員工這本書時，他說自己希望這些孩子們能夠透過這本書了解到一些必要的經營理論和企業管理的方法，甚至還要學會一些杜拉克的理想主義。這多多少少和柳井正對年輕一代的信心喪失有關，柳井正一直覺得現在年輕的一代似乎正在喪失對未來的理想。他們在公司走上了正軌後，失去了對更加美好未來的憧憬。一旦失去了希望，也就失去了前進的動力。所以，柳井正才會不斷鼓勵新進入公司的員工要始終抱有希望，即便在金融危機的時代，也不應該對自己、對公司喪失信心。

大多數人把杜拉克的書籍都歸於經營管理的類別，但柳井正卻對這樣的做法存在一定的異議。他從杜拉克的言辭背後，看到的是一個「指南針」。儘管杜拉克的書一直在描述「商人做意的目的是什麼」「企業之於社會是怎樣存在的」「人的幸福究竟是什麼」，但柳井正卻從這些命題中提煉出了更具有思考性的命題。他認為，一個經營者，如果能夠從杜拉克的書中學到經營的目的和方式，那他無疑是成功的；但如果他能夠從書中看到經營哲學最根本的部分，當他把杜拉克的書當做是哲學書和人生指南來閱讀的時候，這才真正超越了閱讀者的身分，才是把杜拉克的思維和自身緊密融合在一起的典範。

◈回收計畫回報社會◈

杜拉克在書中提道：「以企業為首的各種組織，都是社會機構之一，所以組織存在的理由，不該只為了組織本身。」這是杜拉克為「企業」這個概念所下的定義。在杜拉克看來，一家企業想要在社會上長久生存下去，就必須要在社會活動中承擔起必要的責任。也就是說，企業不但要追求經濟效益，同時還要不斷追求社會效益。努力去扮演讓社會認可的角色，才是長治久安之道。

柳井正從杜拉克的話中悟出的經營之道是，他認為一家企業生死的關鍵在於「人」。企業是由人建立的，所以必須以「人」為基本單位謀福利給企業的構成要素。企業變得越好，就應該提供給員工更好的工作條件，提供給顧客更好的消費環境。一旦籠絡了人心，企業就會得到更高的社會認同。由此也更加便於企業吸引優秀人才的加入，從而使得企業的經營更上一個台階。這是一個綠色迴圈過程。

在明白這一點之後，Uniqlo 除了依舊保持為消費者提供高質低價的服裝之外，更把社會公益的範圍擴大開來，這其中包括對於殘障人士的雇用、熱心於環保事業等，也正是因為這些公益活動，最終讓 Uniqlo 的品牌附加價值得到了很大的提升。

在所有活動中，最令人印象深刻的是 Uniqlo 發起的一次全球化商品回收活動。這項活動從回收二〇〇一年銷售的雙面刷毛服飾開始，全球各個分店開始陸續接受顧客送回來的可以回收的衣服。柳井正沒有想到的是，本來以為回收之後那些舊衣服要當做廢品處理或者是用於二次工業利用，但這些衣服中的百分之九十竟然都完好無損。這在一方面顯示出了雙面刷毛的高品質性，另一方面也讓柳井正意識到，Uniqlo 可以藉此做個順水人情把這些舊衣服捐給非洲的難民。而剩下的一部分不能再穿的衣服，Uniqlo 將會透過一定的技術把其轉化成再生纖維，以實現迴圈經濟的效益。

Uniqlo 回收回來的舊衣物，分別被送到了非洲的烏干達、亞洲的緬甸、喬治亞等數個國家的難民區。Uniqlo 的這一做法，為自身累積了大量的社會聲譽。一些想要幫助難民但自己力不從心的人，他們把希望全都寄託在了 Uniqlo 的身上。家中不想再穿或者已經過時的 Uniqlo 服裝，在迅銷公司的幫助下，終於派上了大用場。

為此，柳井正還和聯合國難民救濟總署和各個地區的NGO（Non-Government Organization，非政府組織）組織主動聯繫，他們根據難民所在地的地理環境和氣候因素的異同，派專人分揀回收的衣物，以便能夠準確把衣服送到最需要的人手中。

柳井正說，這些衣服讓難民區的人保持了最基本的人的尊嚴。衣服不僅能夠避寒，還能夠防止受傷和傳染病。並且，不少難民營中的小孩在有衣服可穿之後，還因此而得到了上學接受教育的機會。Uniqlo的一個有心之舉，可能就會從此改變一個人的一生。

二〇〇八年，Uniqlo提出了「改變服裝、改變常識、改變世界」的口號。深得好評的服裝回收計畫，讓Uniqlo真正成為了改變世界的一員。當Uniqlo從日本國內走向世界市場的時候，柳井正希望全世界的消費者都能夠知道Uniqlo的價值觀和道德觀。因為，Uniqlo從來沒有把自己和消費者看成是孤立的兩個群體，對於任何消費者來說，Uniqlo有今天的成就和消費者有著最直接的關係。正是這些好心的消費者幫助Uniqlo邁出了改變世界的第一步。他們也是Uniqlo公司的一份子，是真正意義上「全員經營」的最廣泛定義所在。

第八章　柳井正主義VS店鋪主導主義

◈落實「店鋪主導主義」◈

在Uniqlo的經營歷程中，所有員工都一直把顧客放在第一位去考慮。觀察消費者的消費動向，是促進Uniqlo不斷發展的原動力。而和消費者接觸最密切的一個部門，便是分布在世界不同地區的Uniqlo店鋪了。柳井正自身也是從一間小小的店鋪經營起家的，因此他一直以來都把店鋪的經營放在最重要的位置。儘管在進入新世紀之後他曾經有一段時間辭去了Uniqlo社長的職位，但店鋪經營主導著Uniqlo發展的模式卻從來沒有改變過。

一家企業，想要得到長遠的發展，就必須滿足消費者日益不同的消費需求。這就需要有專人去搜集各種有關消費者的情報，包括不同地區不同消費者的不同消費喜好。只有把這些情報資料化擺在了決策者的辦公桌上，決策者才能夠根據自己的經驗去預測下一季的流行趨勢和決定公司的營運走向。因此，企業想要在激烈的市場競爭中脫穎而出，取勝的關鍵點就在銷售現場。對Uniqlo來說，無疑就是每家店鋪。柳井正卻因此而提出了一個讓人迷惑不解的話題，他說以店鋪來主導經營，最根本的是靠店員和店長的「直覺」。

這一說，把本來需要嚴密邏輯才能做好的經營策略完全變成了一個感性話題。但柳井正有自己的合理解釋。他說，資料永遠都是用來作為參考的對象，企業若是單純依靠資料去做決策，那只能是紙上談兵。決策者應該明白資料是怎麼得來的，它不是店員隨便在紙上編造出來的，而是每一個店員根據自己的經驗對消費者做出的符合自己理念和經驗的推測，在這些推測以資料的形式呈現出來之前，需要每一個銷售現場的員工參與到相關的討論之中，以剔除錯誤的觀點並逐漸完善不成熟的內容。之所以說這件事情靠的是銷售人員的「直覺」，並不是要讓銷售人員從此只靠個人的感覺去行事，而是要其不斷積累銷售經驗，憑藉著自己與眾不同的經驗得出與眾不同的結論。在銷售現場，一位顧客需要什麼樣的商品，店員必須能夠透過自己的肉眼和邏輯準確判斷出來。這是預測過程的直接體現，也是「直覺」的最有力表現。

但同時，需要依靠柳井正所謂的「直覺」做出預測的並不僅僅只有店員。任何一個決策者在面對成堆的資料時，都應該首先考慮資料的準確性。一個決策者理應有足夠的經驗去判斷資料中誤差的範圍，這同樣是在靠「直覺」做事情。但這些「直覺」的最原始來源是自己在銷售第一線多年的實戰經驗。因此，柳井正也同樣嚴格要求自己。他說，自己本來就是從銷售第一線的位置一步步走到今天的，即便自己成為了Uniqlo的社長，也不能夠每天都安心坐在辦公室的位置中無所事事。想要讓Uniqlo發展得更好，就需要親身回到銷售第一線去觀察現在的消費者在消費理念和消費潛力上有什麼不同之處。由此才能夠對Uniqlo未來的發展方向做出準確判斷。

柳井正說：「對客人最了解的一定是銷售現場的員工，而且是站在銷售最前線的店長。」店鋪對Uniqlo起著決定作用，而店長卻是對店鋪起著巨大影響作用的人。Uniqlo的成功，靠的是在世界範圍內大面積撒網，當Uniqlo的店鋪如同雨後春筍一般大量誕生的時候，面臨最大的問題就是地區差異化。柳井正在提出了「店鋪主導主義」說之後，店鋪主導的要求是要Uniqlo的管理階層把權力下放給最接近銷售現場的人選。因為地域差異，不同地區的店鋪面臨的銷售環境可能完全不相同，此時若再單純以某一種決策強行實施到所有店鋪身上，難免造成水土不服的困境。權力下放之後，店長們便可以根據自身的經營狀況，在政策的指引下，適時調整經營方略，以達到利益最大化的目標。

柳井正從店長出身，自然對這一內容感同身受。

但在日本國內，同時也包括一些國際知名企業，為了保持品牌概念和對公司管理部門的忠誠度，這些企業總是不去理會地區的差異，只要有新的經營方針頒布，就毫無差別的要店鋪完全執行。雖然一方面這也可以在一定程度上維持住品牌的統一性，但這種只看眼下利益的行為畢竟不是長久之計。

這也是柳井正為什麼更願意採取連鎖店、加盟店的經營方式，而不是用更加賺錢的直營店來經營 Uniqlo 服裝的原因之一。

◈讓「柳井正主義」主導 Uniqlo◈

Uniqlo 的決策層一直堅持店長才是 Uniqlo 核心成員的原則，一個優秀的店長可以為 Uniqlo 帶來的效益不可估量。但是社長柳井正更加在意的事情卻是如何促進企業高層管理者和基層銷售人員之間的交流。即便店長再優秀，如果失去了和決策者之間溝通的橋梁，那他也只能夠在自己的一間小店鋪裡獨自經營，永遠無法把自己成功經營的經驗推廣到整個 Uniqlo。而如果決策者失去了來自基層優秀店長的各種資訊，細微決策上的失誤都可能會引起 Uniqlo 全球範圍的大地震。

因此，在明確了雙方的重要性後，最終要解決的一點就是尋求到彼此之間溝通的橋梁。

以發生在迅銷公司中的實例來說，Uniqlo店鋪的店長經常主動把對未來經營模式的企劃案提交到總公司，在企劃案中店長總會提到「在我們的店裡，這類商品希望用這樣的陳列方式來販賣」。店長的意見，必定是透過長時間的觀察而得出的、和消費者的消費喜好密切相關的各種需求，其希望透過企劃案的方式來引起總公司的重視並最終得到認可。總公司的決策層在收到企劃案後，面對有可能再一次改變Uniqlo經營模式的提議，柳井正希望所有的員工都能夠快速做出反應。這不是只和公司相關的事情，而是和每一個人的切身利益密不可分的發展規劃。決策層越早做出決定，就能夠盡快讓這樣一份方案投入到實踐中去，從而可以盡快看到效果如何。

傳統經營模式下的公司，絕對不會採用Uniqlo宣導的這種自下而上推薦企劃方案的經營和管理模式。在他們看來，Uniqlo的做法無疑十分麻煩。當店長費盡心思擬出一份企劃案之後，公司需要組織專門的人來評測這份企劃案是否具有可行性。如果真的能夠如願創造出當初預想的結果，這是再好不過的結果；但如果這份企劃案只能夠反映該店鋪一家獨有的特殊經營狀況，那麼從召集人手評測企劃案再到推廣實施，整個過程將會浪費巨大的人力和物力。

但柳井正堅持要為消費者提供最好服務的概念，他認為只有店長和店員才最了解消費者，因此也只有他們的企劃案才具有切實可靠的基礎。哪怕提出的企劃案並不成功，但至少證明了店長的努力沒有白費。Uniqlo 一勝九敗的經驗就已經可以說明一切問題了。想要滿足消費者的需求，就應該去承擔必要的麻煩。總公司不應該等於單純的決策者，店鋪也不是單純的執行者，二者的角色必須具有互通性。店鋪雖然是總公司決策的執行者，但他們也是整個決策的最初發起人；決策層雖然是在為 Uniqlo 的未來做企劃工作，其更應該根據店長提出的要求和建議進行企劃活動，否則便會偏離 Uniqlo 營運的軌道。

但也有一些受傳統經營思維束縛的店長認為，在 Uniqlo 當店長就好像是被父母拋棄了的孩子一樣，總公司總是對店鋪的經營狀況漠不關心。柳井正糾正這種想法的時候說：「人一直待在同一個環境，就會失去客觀的判斷能力，所以站在社長和總公司的角度，就能明白我們一定會給予適當的建議和輔助。」但這些建議究竟起不起作用，重要的還是看店長對總部所提出建議的分辨能力和執行程度。

每家店都可能面臨著業績下滑的可能性，但這不是店長應該抱怨的藉口。如何經營店鋪不是最關鍵的問題，真正決定一個店長能否成為優秀店長的關鍵點在於他是不是從顧客的角度出發去考慮自己的經營方式。認為總公司沒有提供足夠的幫助這樣的理由永遠站不住腳，因為總公司也需要從顧客的角度去考慮問題，相比之下，店長比總公司的上層主管更占據天時地利的優勢。

在Uniqlo做店長，只考慮服裝賣得出去和賣不出去是完全不夠的，如果想要在短時間內迅速成長起來，就要考慮賣和不賣背後更深層次的原因。柳井正在自己制定出來的Uniqlo二十三條經營理念中就有八條內容和銷售第一線的店鋪有著密切關係。它們是：

第三條：實現不被任何企業收入旗下，自主獨立的經營；

第四條：實現重視現實、順應時代，由自己主導變化的經營；

第七條：確實了解唯一和顧客有直接接觸的，只有商品和賣場，實現商品和賣場為中心的經營；

第十二條：成功或失敗的資訊，要具體並徹底分析、記憶，來作為下次執行時的參考；

第十六條：讓消費者不僅是因為商品，還是為了企業的形象而產生購買行動，追求事物本質的經營；

第十九條：以最高標準的倫理要求，經營公司的事業和自己的工作；

第二十條：成為自己最大的批評者，做到能改變自己的行動與姿態，具有自我革新能力；

第二十三條：為了工作才有組織。為了滿足顧客的需求，徹底認識組織內員工和合作對象，進行沒有隔閡的計畫經營。

這些經營法則，又被Uniqlo的員工和媒體稱之為「柳井正主義」。柳井正期望的是，Uniqlo能夠從上至下完全貫徹自己提出的這些概念，從而讓每一個消費者在進入店鋪後都能夠因為Uniqlo對其進行的全面的分析而讓消費的滿意度得到提高。這同時也是柳井正對「店鋪主導主義」理念的最執著表現。

◈「SS店長」成就最棒賣場◈

店鋪主導了Uniqlo，店長卻主導著店鋪。Uniqlo有一套與眾不同的店長管理制度，管理層把每個店鋪中需要多少商品數量、商品應該如何陳列、店鋪自身的宣傳和人事管理費用、促銷的時間和內容等權力全部下放給了店長。凡是涉及店鋪營運的內容，迅銷公司總部從來不會對店長干涉過多。也就是說，與該店鋪相關的所有事務，都必須要由店長一個人來全權打理。這樣做，在給予了店長充分的權力自由度之後，也使每一位店長的肩上增加了極大的壓力。

當然，並不是每個人都能夠承擔起這樣的重任。因此在Uniqlo，店長的職位遠遠要比坐在總部辦公室的人重要得多。把自己的店鋪打造成全球最棒的超級賣場，這對店長來說無疑是一個十分偉大的夢想。在Uniqlo內部，只有少數的「SS店長」才敢說自己擁有這樣的能力。

所謂「SS店長」，其實是「Super Star店長」的簡稱。成為「超級店長」，需要歷經一系列的考核。擺在每一個店長面前的任務都很明顯，盡自己最大的能力實現Uniqlo業務的上升。不管用什麼樣的行銷手段，只要能夠促進銷售量，就值得嘉獎。在店長評價制度中，隨著店鋪的業績和店長本人經營能力的上升，迅銷公司會把店長分為幾個不同的級別：「新上任店長」、「獨當一面店長」、「S店長」和「SS店長」。在每個不同的階段，店長所受到的待遇也完全不一樣。一位「SS店長」的年薪可以達到一千萬日元以上。「SS店長」在許可權和薪酬上比總公司的主管還要多，但同時也會因此而承擔起更大的責任。

成為一位「SS店長」並不是輕而易舉的事情。Uniqlo在全球範圍內，也僅有十多位「SS店長」，這個數字還不到所有店長數量的百分之一。所有Uniqlo人都明白，「SS店長」數目越多，就證明Uniqlo的銷售能力越強大。如果「SS店長」的數目能夠持續不斷增加，Uniqlo想要在世界立足的夢想就指日可待。

柳井正心中的「SS 店長」不是只懂得銷售的人，「SS 店長」在維持且不斷把銷售量創新高的基礎上，應該站在消費者的角度去嚴格考查店鋪的不足之處。柳井正這樣建議所有的店長：「只要一天做個三次，這家店一定會成為最棒的賣場。」他需要店長們能夠做到真正把自己想像成最嚴厲的消費者，一進店鋪就要考察店裡面的方方面面，從物品的陳設到店員的服務態度等，這些都是不能放過的「死角」。為此，柳井正還親自擔當起了示範作用。有時候，他會突然心血來潮到某一家店鋪「微服私訪」。透過私下觀察店員和消費者之間的互動，大致了解這家店鋪的店長是否配得上「SS 店長」的稱號。

柳井正之所以對「SS 店長」如此重視，是因為他深切明白「SS 店長」的戰鬥力。Uniqlo 的經營中心是在店鋪上，在明確了「店鋪主導主義」後，柳井正經常強調每一個店長都應該像是一個獨立自主的商人一樣去經營這家店鋪，並且他還提到 Uniqlo 連鎖店的店長應該向加盟店的店長學習，真正讓每一個店鋪都能夠脫離迅銷公司的母體而獨立存在。

為了刺激店長們的熱情，1999 年剛剛開始執行「SS 店長」策略的 Uniqlo 決定在年終獎上大做文章。當評選出的「SS 店長」和普通店長在年薪上有了十分明顯的反差時，大家才真正意識到公司對「SS 店長」的重視。為了豐厚的薪金，同時也為了能夠在經營過程中擁有更多的自主權，而不是讓自己看起來像是一個提線木偶一樣做個傀儡，越來越多的店長希望自己有一天能夠成長為「SS 店長」。

然而，對於「SS 店長」的苛刻要求，成為許多人越不過去的門檻。Uniqlo 在全日本擁有八百家左右的店鋪，但「SS 店長」的名額只有十多人，這樣的反差讓人不禁覺得有些寒心。

為了鼓舞士氣，柳井正又設立了「S 店長」的中間級別，相比之下，「S 店長」更容易實現一些。並且，凡是進入了「S 店長」名單中的人，就有進入公司總部工作的機遇。

不過，Uniqlo 始終尊重店長們自己的選擇。如果他依舊願意奮戰在銷售第一線，並且依舊想要向「SS 店長」的稱號發起總攻，柳井正及全體 Uniqlo 員工都會對其表達出一份敬意。正是這些人，成就了 Uniqlo 最棒的賣場。

◆超級店鋪滿足超級購買力◆

今後的 Uniqlo 應該如何發展，柳井正曾經這樣提及：「Uniqlo 未來的成長動力，將會擺在大型店鋪的開發上。」所謂的大型店鋪，從詞語概念上來講，就是要比一般的標準店鋪占地面積大。

Uniqlo 的標準店占地大約在兩百坪，而一家大型店的占地面積可以達到標準店的二點五倍左右，最少也超過五百坪。一坪＝3.305785平方公尺，如此換算下來就會發現，Uniqlo 的一家大型店鋪占地面積會達到近兩千平方公尺。這樣龐大的數字，恐怕會嚇退許多想要把 Uniqlo 當作學習目標的後來者。

在大型店鋪中，因為具備了足夠的空間面積，Uniqlo 每一季的所有商品，都可以在店鋪中完整陳列出來。截至二〇一〇年五月分，Uniqlo 在日本本土的大型店鋪數量已經達到了八十三家的規模。Uniqlo 進軍臺灣的第一家店鋪，同樣採用了相同的營業規模。二〇一〇年秋天，Uniqlo 在臺北揭幕了臺灣一號店，一家規模如此之大的服裝賣場的出現，意味著競爭者們現在面臨了一個十分強勁的對手——Uniqlo。

增設大型店鋪的計畫，最初始於二〇〇五年。柳井正說：「最具有競爭力，最能夠表現出新 Uniqlo 意圖的，只有兩百到一千坪的大型店。」這句話產生的背景，正好是柳井正重新執掌 Uniqlo 的關鍵時期。面對連年下滑的銷售業績，柳井正希望能夠憑藉自己的努力迅速扭轉這樣的現狀。既然自己重新坐在了 Uniqlo 社長的位置上，就必須要推出立竿見影的改革方式。若是 Uniqlo 再重複以往的老路，那麼自己重新出山執掌 Uniqlo 的意義就蕩然無存，這更會讓人開始懷疑自己是不是廉頗老矣。

因此，在所有Uniqlo員工的期待下，柳井正一手策劃的大型店鋪重裝上陣了。短短幾年之後，Uniqlo大型店鋪的銷售業績已經占到了所有店鋪總和的三成以上。二〇一〇年的統計顯示，二〇〇九年Uniqlo大型店鋪的銷售總額突破了一兆日元，成為當仁不讓的Uniqlo領頭軍。

面對Uniqlo如火如荼開張大型店鋪的良好形勢，很多人存在一個誤解，他們認為社長柳井正一直在努力開設新的大型店鋪，從而忽略了原有店鋪的經營狀況。但事實上，Uniqlo不只是在開拓新的大型店鋪上著重發力。在舊店鋪改造方面，Uniqlo也不遺餘力將改革進行到底。

在既有店鋪基礎之上進行改造，從而把其打造成為一家具有大型規模的Uniqlo新店鋪，其實並不是一件簡單的事情。一方面，在面積拓展上，因為原有店鋪的面積已經固定了，有些店鋪坐落在市中心，想要橫向拓展店鋪的面積是完全不可能的事情。因此，Uniqlo的員工必須想盡各種辦法來使賣場的面積增加。另一方面，重新開張之後的店鋪為了和大型店鋪的概念相呼應，就需要矯正所有服務人員的舊觀念，以適應這一系列的變化。

最成功的一次改造活動，當屬東京的銀座店。銀座店是二〇〇五年十月分開張的，當時的經營面積就已經達到了四百五十坪。因此，改造過程中，增加營業面積便是不需要再去考慮的問題。但柳井正為了打造出 Uniqlo 的形象品牌，毅然下令要把原先四百五十坪經營面積的銀座店改為具有七百坪經營面積的超大型店鋪。

整整擴張了近一倍的銀座店重新開業後，迅銷公司為了把其打造成 Uniqlo 的形象店也傾注了極大的心血。Uniqlo 把和自身具有合作關係的「Cabin」品牌的主力品「ZAZIE」和「enraciné」專櫃作為主打展示了出來，柳井正希望銀座店能夠把 Uniqlo 旗下子品牌的魅力在這裡散發。

銀座店的改造，柳井正一直認為這是自己和 Uniqlo 兩者的大突破。這一舉動，徹底突破了 Uniqlo 以郊區店面作為形象工程和以「廉價」為手段的促銷方式；並且，因為旗下子品牌的知名度和銀座店的店鋪位置，Uniqlo 一舉躍居成為日本時尚潮流的新指標。

東京銀座是全日本最好商品的集散地，出現在這裡的 Uniqlo，再不是簡單的「廉價倉庫」了。因為銀座的租金很高，要承擔如此之高的營運成本，就需要 Uniqlo 在價格和服務上都更上一層樓。也許，有人會針對 Uniqlo 的銀座店提出質疑，這不再是傳統意義上的 Uniqlo 了，但為了進軍國際市場，這一招棋是必走的。只有先提升 Uniqlo 的品牌形象，才能夠具備和國際品牌較勁的能力。

有人說銀座店「光是具有宣傳價值，店鋪本身卻是賠錢貨」。這樣的事情，Uniqlo 從來都不會去做。雖然坐落在銀座，但 Uniqlo 售賣的商品價格絕對不能比其他品牌高，這是 Uniqlo 之所以還叫 Uniqlo 的根本原因所在。這就要求銀座店必須要具有強大的銷售量才能夠維持住基本營運。

柳井正提出了讓銀座店以吸引女性消費者為主的新理念，因此，銀座店也是為數不多的以女性商品為訴求的 Uniqlo 店面之一。女性群體中具有的超級購買力，正是銀座店改變形象的原因所在。而超級店鋪的存在，也正是為了滿足更多顧客更多需求的購物目標而設置的。

但不同的顧客群體有不同的需求，不同地區的消費者消費方式也天差地別，單單想以大型店鋪囊括所有人的喜好，顯然不是最人性化的考慮。為此，Uniqlo 適時推出了分門別類的小型店，以期滿足更多人的喜好。

◈小型店做細分市場◈

Uniqlo 開始了大型店主導一切的時代後，就需要每個季都推出不同方式的店內促銷企劃。因為大型店鋪具有足夠的展示空間，並且可以吸引成倍的消費人群，因此從二〇〇五年開始的

「Monthly Collection」計畫以每個月不同的主題，展示男性流行服飾的概念，並在大型店鋪展覽。這個計畫在為大型店鋪吸引了不少人氣的同時，也收穫了大量的好評。並且因為該計畫每個月都有不同的主題，因此每個月都有不同的原因吸引消費者進店，由此推動的銷售量增長便是意料之中的事情。Uniqlo 在二〇〇六年第二季的財政報帳中顯示，「Monthly Collection」計畫的實行，使得大型店鋪僅僅在開張一年的時間內銷售業績就突破了兩百五十萬日元。也正是因為有著如此驕人的成績，才讓柳井正堅定了快速擴張大型店鋪的計畫。

當初，柳井正設想 Uniqlo 發展的重點從郊外店轉移到大型店的時候，他考慮的是要以大型店作為策略的重點目標，透過提供能夠囊括所有類別商品在內的方式來滿足不同消費者的消費需求。但同時，柳井正並沒有因此而放棄 Uniqlo 另一個令人期待的市場增值點─小型專門店。

這樣的小型專門店，主要以販售童裝和女性服飾為賣點，把各種不同的商品分門別類在不同的店鋪出售。因此，小型專門店雖然比不上大型店鋪具有如此高的人氣和銷售值，但一直以來都是 Uniqlo 忠實消費者不曾放棄的陣地。

每一個小型專門店鋪都只占據十五到十八坪的空間，這樣一來在店鋪租金上就不需要前期投入大量的資金。而且，小型專門店經營的物品比較單一，在商品的訂購上也可以簡便許多流程。

因此，只要這樣的店鋪能夠維持在一個穩定的銷量，就可以為 Uniqlo 在特定人群中積攢下超高人氣的口碑。雖然目前小型專門店鋪還處於實驗的階段，並且在大型店鋪面前，小型專門店的銷售量完全可以忽略不計，但其用蓬勃的生命力證明了自己存在的必要性。

另外，小型店鋪在經營靈活性上具有大型店鋪無可比擬的優勢。為此，柳井正想出了另一種經營方式。在小型專門店鋪的基礎上，柳井正建議在車站或機場中設置類似於二十四小時便利店經營方式的 Uniqlo 迷你店。

目前在所有 Uniqlo 設立的迷你店鋪中，最小的店鋪占地只有七坪，但卻用如此微小的占地面積每個月都為 Uniqlo 創造百萬日元左右的銷售業績。

在 Uniqlo 以大型店鋪為主要銷售目標的時代，依舊存在著從十到一千坪不等的店鋪，這恰恰體現出 Uniqlo 經營方式的多元化。傳統經營理念認為，想要開設一家新的店鋪，需要從店鋪的經營方式、開店地點、所屬商圈等多方面的因素來考慮。Uniqlo 最初創立的時候也正是完全按照著這樣標準化的流程一步步走過來的，但是在崇尚自由的當下，似乎只有展開多元化經營，才能更多一份制勝的把握。然而，面對 Uniqlo 的經營方式，也有負面評論說 Uniqlo 已經變得只要掙錢就行，在 Uniqlo 的經營中從來沒有理念可循。

面對質疑，柳井正說：「零售業的商圈設定、適合地點等固定的觀念，已經慢慢不合時宜了。既然這樣，Uniqlo 只好建立不管在什麼地方都能開店的體制了。」簡單概括就是，只要能夠產生經濟效益，就應該有屬於 Uniqlo 展示自己服裝的地方。這雖然在一定程度上完全符合批評者的聲音，但這樣的經營方式是最符合當下消費者消費方式的經營行為。

Uniqlo 的理念是，要保證消費者隨時隨地都可以購買到 Uniqlo 的衣服，而不是端著大品牌的架子讓消費者如同無頭蒼蠅一樣到處瞎找。

從一個以奉行標準化連鎖店的準則為圭臬的賣衣人，到以追求最大自由度為終身目標的 Uniqlo 社長，柳井正唯一沒有改變的就是對消費者的柔軟姿態。不管 Uniqlo 以什麼樣的面貌出現在街頭巷尾，其目標永遠只有一個，那就是為每一個消費者提供最貼心的服務，讓每一個消費者在 Uniqlo 都有最滿意的消費體驗。

柳井正還說道：「至少時尚產業不像食品一樣，非得離住宅區近一點不可，只要有開車想去的念頭，即使店鋪再遠消費者也會出門。所以現在不用在意過往的商圈理論，Uniqlo 應該在全國各大據點開設大型店，只要有適合的店面，就算是購物商場也沒關係。」在柳井正的思維中，他既不想被固有的模式套牢，同時也不希望放棄 Uniqlo 對消費者消費行為的態度和反應，因此才會有 Uniqlo 店鋪以不同的形式出現在公眾面前的現狀。

從大型店鋪到小型專門店，每一步都是柳井正經營才華的個人秀，也是 Uniqlo 具有多變能力的絕佳展示。因為少了束縛，才能夠更加自由以符合消費者期望的方式為更多人提供更滿意的服務。

◈要做 NO.1，溝通是關鍵◈

柳井正現在認為，身為賣方如果不能緊跟著時代潮流做改變，那只會對自己的業績成長做出更多限制。柳井正這句話明白指出，「從十坪到一千坪」，Uniqlo 通通都有的店鋪計畫，不再束縛於地點、商圈、設施等固定觀念，因而加快了開店進程。

每一季 Uniqlo 收到的銷售資料都證明了大型店鋪強大的吸金能力。以世田谷區的一家營業面積達到了一千坪的超大型店鋪為例，這家店鋪的營業面積達到了標準店鋪的七點五倍，在這裡上班的 Uniqlo 員工也多達一百人。Uniqlo 的內部資料顯示，前來這裡購物的每一位消費者在店鋪中停留的時間和消費的單價，都要比普通的店鋪高出兩倍以上。也就是說，同樣的商品放在這裡，就會比其他店鋪多實現兩倍的銷量。因此，不論是該店鋪的經營品質還是產品銷量，都是 Uniqlo 在全日本表現最優秀的店面之一。

該店的店長叫前田。能夠在如此重要的店面裡擔任店長的職位，前田的臉上洋溢著驕傲且自豪的表情。他說起話來幾乎和柳井正的口吻一模一樣，他說：「能夠成為『SS 店長』，對我來說就不單是管理好一家店這麼簡單。身為日本最重要的 Uniqlo 店鋪的店長，我還要盡自己最大的努力為公司做出更加實際的貢獻。只有透過我們的付出產生更大的附加價值，這樣的店長才能夠被稱為優秀店長。」

當被問到如何經營這家店鋪時，他說，店面的地理位置選得很好，因為處於國道周邊的住宅區，所以在店鋪可以輻射到的範圍內有更多的潛在消費者居住。面對這樣的情況，前田和店裡面其他員工經深思熟慮後得出結論，想要讓店鋪盈利，就應該發動積極攻勢，把目標受眾鎖定在家庭客源上，然後採用相應的對策，如改變物品的陳設方式、拓展新品種等，來滿足家庭婦女和退休在家的老人以及小孩子的不同消費需求。最根本的一句話就是，永遠都要以客戶為中心。

提到商品的陳設，前田說自己的店鋪雖然屬於超大型的店面，但還是要求員工們盡量做到不浪費任何一寸的空間。前田把所有的多餘空間都用來放置廣告模特和大型海報。在一千坪的空間中，除了要擺設基本的商品和留出足夠的人行通道之外，在其餘的空間中，前田放置了一百五十具道具模特來展示Uniqlo的新品服裝。因為Uniqlo在每個季節都會推出新款服裝，為了和其他店面區分開來，前田決定隨著季節的變化和新款服裝的上市，要在自家店面中以完全獨創的方式把新品的廣告打出來。為此，他在盡量完成自己的設計方案後，還聘請了專門的視覺設計師，在總公司的指示下，透過對比其競爭對手的陳列方式，再把自己獨有的想法加進去，如此就呈現出一派完全不同的陳列方式。

消費者一走進店鋪，第一感覺就是與眾不同，耳目一新。這樣的設計方式，成為吸引消費者的最有力手段。同時，正是因為消費者在店內有著挑不完的新款服裝，並且在每一個細微之處都能夠收到一份驚喜和Uniqlo最貼心的服務，消費者自然而然就會因此而產生購物的欲望。前田總結說，一切勝利的開始，都源自於Uniqlo能夠做出完全符合消費者需求的設計方案。只有把他們吸引進店鋪之中，才能進一步使消費者產生購買的欲望。

但是，前田並沒把所有的功勞都歸結為自己。除了要按照自己的設想經營店鋪外，他每天在下班前都必須和總公司郵件往來，主要內容就是把當天在銷售現場收集到的有關消費者的購物資訊和消費反應傳遞到公司總部。前田說，總公司雖然不用去關心每一家店鋪當天的銷售數量，也不會去決定一些看起來雞毛蒜皮的小事，但唯有一點是必須要時刻關心的，那就是消費者的需求。

消費者的需求又恰恰只有和消費者親身接觸的、奮戰在第一線的員工才能了解到；但負責售賣服裝和為消費者提供服務的員工，卻並不一定能夠站在一定的高度去決定公司的營運方向。因而，想要讓Uniqlo長遠發展，公司離不開第一線的員工，員工離不開公司的決策。彼此之間需要有一座溝通的橋梁。

前田做的事情，恰似自己就是員工和總部之間溝通的紐帶。他一邊要向總部彙報消費者的各種反應和銷售現場出現的狀況，另一邊還要把總部的經營方針記錄下來，再透過自己的理解轉達給員工，從而更好的把自己掌管的店鋪經營好、從而為消費者提供更優質的服務。

Uniqlo的經營藍圖除了活化銷售現場的競爭力，也改善了一般企業內部縱向溝通不良的問題。不論是對Uniqlo的員工，還是對想要進軍國際市場的迅銷公司來說，想要成為NO.1，最關鍵的一點是彼此間的溝通問題。只有實現了員工和總部之間無障礙站在同一個平台上對話，Uniqlo才能把自己的地盤逐漸向世界範圍內擴大，讓世界成為自己的主戰場。

第九章 把世界當成主戰場

◈紐約旗艦店的「超合理主義」◈

Uniqlo 在以大型店鋪為主導的時代，也向全世界宣示了其進軍國際的野心。Uniqlo 在國際上的競爭對手們，每一個都有著深厚的背景。因此，Uniqlo 推出大型店鋪的目的很明確，就是在全世界範圍內推廣 Uniqlo 的品牌度。之前，雖然 Uniqlo 被日本人譽為國民品牌，但在國際市場上 Uniqlo 只能算是一年級新生。真正讓世界人民開始認識 Uniqlo 的起點，源自二〇〇六年紐約旗艦店的設立。

二〇〇六年十一月十日，Uniqlo 在紐約蘇活區開張了，作為當時在全球範圍內規模最大的一家店鋪，其賣場面積達到了一千坪。在開幕當天，柳井正信心十足對前來購物的消費者和採訪的媒體說：「現在 Uniqlo 所能實現最高水準的商品、店內陳設和服務，全部都集結在這家代表

Uniqlo 全球化的旗艦店。」這句話表明，柳井正把紐約的這家旗艦店當成了 Uniqlo 進軍全球的一個重要里程碑。

在店面的設計上，佐藤可士和有著不可限量的功勞。同時柳井正還請到了片山正通和吉爾斯丁等一流的設計師一起工作，他期望能夠讓這家店完美實現自己對國際市場的野心和欲望。在這個團隊中，以柳井正為中心，佐藤負責視覺藝術、片山負責室內裝潢、吉爾斯丁擔任廣告行銷藝術總監，再加上有世界網路設計第一把交椅稱號的中村勇吾，在這些人的集體努力下，蘇活店完完全全形象化了 Uniqlo 想要實現的「超合理主義」的概念。

在蘇活店開張前，Uniqlo 在紐約就已經開設了幾家標準店鋪，但都沒有引起紐約市民的轟動。這一次，柳井正集合了這麼多優秀的人才，並且在營運上奮力苦戰，他不希望看到這家旗艦店會和前幾家店一樣落得黯然收場的後果。

紐約是人潮擁擠的大都市，柳井正仔細分析了之前的得失後總結出，想要挑戰美國的服裝市場，就需要讓 Uniqlo 對流行品味具有高度敏感度。因此，把店鋪開在蘇活區，是第一步要做的事情。而在店鋪設計上的「超合理主義」，本就是柳井正常掛在嘴邊的一句話，這一次能夠在多位優秀人才的幫助下在紐約旗艦店使其得到完美詮釋，這必將是最終勝利的保證。

在店面裝修上，片山提議說，在如此大的賣場中只有再繼續強調空間的寬敞和天花板的高度，才能在消費者的錯覺中營造出 Uniqlo 非同一般的氣勢。為此他提交了一份非常優秀的設計稿，可是最終因為考慮到如此執行下去，雖然可以讓 Uniqlo 看起來更加具有規模，但會和賣場一般的百貨商場別無二致，以至於該提案最終被放棄。柳井正堅持的理念是，Uniqlo 的設計一定要把商品放在優先考慮的位置，同時不能放棄「極簡主義」的風潮，如此才算是真正名副其實的 Uniqlo。

因此，柳井正下達了一個命令，在店鋪的裝修上越簡單越好。但簡單不等同於沒有設計，能夠把簡單做到極致也是一種美學。柳井正希望當美國的消費者走進店中時，他們看到的不是繁雜的裝飾，而是真正打動消費者內心的商品。因此，在後來的設計中，Uniqlo 加重了櫥窗和展示櫃的比重，甚至還把商品的名稱和價目表也直接放進了展示櫃中。

另一個設計的重點在於，Uniqlo 需要做到讓消費者在店鋪中能夠體會到愉悅的購物氛圍。而首要的一點便是，吸引消費者的注意力，要透過合理的設計不斷給消費者意想不到的驚喜。最後 Uniqlo 在店鋪的入口處設置了發光的展示櫥窗，裡面有可以旋轉的假人模特用來展示 Uniqlo 的服裝。與眾不同的地方在於，這些櫥窗的目的不僅僅在於展示模特身上的新款服裝，走在大街上的人可以透過櫥窗對 Uniqlo 店內的所有展示一覽無遺。這種開放性的設計，也很好體現了 Uniqlo 的自信感。

所有一切的準備活動都已經就緒，然而真正把這些設想變成現實卻不是說到就能夠做到的事情。該地區保留著許多百年前的歷史建築，Uniqlo 新店的選址不能破壞這些歷史遺跡，因此在興建之前必須得到當地地標保存委員會的批准，有時還需要召開多次民眾聽證會才能得出最終的結果。在工程進度上，Uniqlo 同樣也面臨著許多之前不曾想到的難題。負責店內裝潢的片山回憶說，有時候單單向現場的施工者講述他們要造就怎樣的一個 Uniqlo 店鋪，就至少需要花上兩三個小時的時間。

但紐約旗艦店卻因為嘗試了不同的空間概念，由此傳達出的 Uniqlo 簡單、樸素的經營理念對美國人來說確實耳目一新。柳井正和整個設計團隊的心血價值幾何，已經不再重要。最重要的問題是，紐約旗艦店中的「超合理主義」開創了 Uniqlo 進軍國際市場的全新時代。該店在受到美國人大肆追捧的同時，也把 Uniqlo 的名聲口碑傳播出去，並且還帶活了其他幾家店鋪的經營。

在下一步進軍巴黎和上海的計畫上，柳井正也延續了紐約旗艦店的成功之處，Uniqlo 正在開始一個在全球範圍內全面複製成功的新時代。

◈巴黎旗艦店——第二次敲開歐洲大門◈

紐約是時尚潮流的重鎮，拿下紐約後，柳井正對Uniqlo能夠在世界範圍內獲得認可的信心倍漲。但因為前些年在倫敦不幸失敗的陰影一直揮之不去，所以對Uniqlo來說，只有再度出兵歐洲，才能夠獲得自我認可。這一次，柳井正選擇了時尚之都—巴黎。二〇〇九年十月一日，Uniqlo的巴黎旗艦店開張了，在開業當天Uniqlo就成功吸引了長達六百人的隊伍等待著開始營業的時間點。

在巴黎旗艦店開張之前，柳井正幾乎調動了Uniqlo內所有人的力量來做籌備工作。為了在巴黎一炮打響，柳井正選擇了一個略顯保守的方式。他最初選擇了在巴黎久負盛名的精品店「colettle」和Uniqlo強強聯合，最終設計出以日本動漫為主題元素的系列服裝。因為是限期銷售，並且colettle是巴黎地區精品店的第一品牌，再加上每個月都會舉行的特賣會，一系列成功的因素累積下來，使得Uniqlo的店鋪尚未開張，就已經名聲在外。

在廣告宣傳上，Uniqlo全部包攬了巴黎地鐵車站的看板位。在每一個地鐵站附近都有整整一面牆的大型廣告區，上下加起來大致可以張貼十五張大型宣傳海報。能夠把廣告張貼到這裡的企業，都有著深厚的家族背景。但 Uniqlo 這一次選擇了大手筆的方式，柳井正把十五個牌位全部包攬了下來。甚至歌劇院和其他車站附近的顯眼之處，都被 Uniqlo 的廣告徹底圍堵起來。這使得所有巴黎人不論是上班出行，還是休閒娛樂，走到每一處，都能夠看到佐藤可士和設計的以紅色和白色為主的簡潔設計。柳井正知道，巴黎的成功，尤其是廣告宣傳上的成功，功不可沒的一個人就是佐藤可士和。巴黎本身就是一個引領各種新潮流的地方，佐藤的設計能夠得到巴黎人的認可，無疑是為 Uniqlo 巴黎旗艦店的開張添上了濃墨重彩的一筆。

同時，柳井正還注意到一個不尋常的細節。巴黎人愛吃麵包，在街頭巷尾買麵包吃是巴黎人每天必須要做的事情。為此，柳井正提出把 Uniqlo 的廣告引導到麵包的包裝紙上，讓買了麵包的人可以拿著 Uniqlo 的廣告到處走，這就等於把 Uniqlo 的廣告真正面向每一個消費者個體。於是，一夜之間，全巴黎的人都變成了 Uniqlo 免費的移動看板。儘管這種方式並不是 Uniqlo 的創舉，但如此大規模地宣傳 Uniqlo 的方式，還是取得了立竿見影的效果。

當人們隨處可見 Uniqlo 的新 LOGO 時，此時離 Uniqlo 巴黎旗艦店的開業還有不到兩個月的時間。Uniqlo 創造了一種潛意識給人們，所有的人都不自覺地意識到「Uniqlo 這個日本品牌馬上就要來巴黎了」。

與紐約相同的一點是，這家新開張的旗艦店都不是該地區的一號店；但不同的是，巴黎一號店並不是因為虧損經營而讓柳井正採取了改變的策略。早在二〇〇七年十二月，Uniqlo 就在距離巴黎市中心只有十分鐘車程的新凱旋門購物中心開設了 Uniqlo 在巴黎的一號店。當時的賣場面積在六十坪左右，同時這家店也是 Uniqlo 在英國、中國、韓國和美國之後開設的第五家海外店鋪。

柳井正明白，單純依靠如此小規模的店鋪經營在時尚之都巴黎是不可能打響 Uniqlo 的品牌的，而這家店設立的目的在於搜集巴黎消費者的情報，以及負責宣傳 Uniqlo 的經營理念。在各種名牌商品雲集的巴黎，茫然冒進只會讓自己吃到更多的苦頭。鑒於巴黎市民對流行性敏感度頗高的特點，Uniqlo 藉助於一號店在巴黎傳達自身品牌概念的歷程整整走了五年。

五年的時間，已然足夠 Uniqlo 為自己積累下足夠的人氣。在這段時間中，柳井正多次研究一號店搜集上來的消費者資訊，最終在長時間的市場調查之後，Uniqlo 等來了最成熟的時機。因此，旗艦店還沒有開張，Uniqlo 在巴黎的宣傳攻勢就已經展開。

而讓人感到意外的是，Uniqlo 開業後，柳井正卻把巴黎街頭所有看板上的 Uniqlo 廣告撤銷了。人們都在納悶為什麼 Uniqlo 不趁熱打鐵繼續做廣告，以便加深 Uniqlo 品牌在巴黎市民心中的印象。柳井正解釋到，先期的廣告已經讓所有的巴黎人知道了 Uniqlo 的品牌，店鋪的開張也已經完成了推廣 Uniqlo 服裝價格和品質的目標，因此即便沒有街頭看板的大力宣揚，Uniqlo 也依舊能夠憑藉自身的實力來打動時尚之都的消費者。

言語背後，是柳井正對 Uniqlo 品牌及其服裝品質的極大信任。同時也說明了柳井正希望 Uniqlo 給巴黎市民留下的印象應該是服裝本身的優質，而不是靠著漫天廣告在消費者的心中栽種下膚淺的形象。畢竟，在巴黎，任何宣傳都只是浮光掠影，只有品質和款式才是帶動流行的王道。

◈將所有員工「Uniqlo 化」◈

在進軍海外之前，柳井正先打了一劑預防針給自己。他說，在海外做生意，最重要的是要有自我保護意識。即便是把 Uniqlo 的店鋪開在了海外，也永遠都不能忘記自己開店的初衷。只有保留最本質的東西，才是真正的 Uniqlo。

因此，當國外的媒體和消費者問到 Uniqlo 的優勢何在時，柳井正思忖道，面對如此強勢且挑剔的消費者，Uniqlo 要做的不僅僅是堅守低價高質的平台，更要透過多種手段把 Uniqlo 的優勢宣揚出去，讓更多的人知道和了解 Uniqlo。同時，身為經營者，還必須要打開心胸來面對消費者的指責和挑剔，接納外國人和自身不相同的理念。只有做到兩者間的平衡，才能夠創造屬於商家和消費者共有的感動。

基於既有旗艦店的成功，Uniqlo 決定開始大步邁向國際市場。在海外開店的過程中，Uniqlo 適當效法了自己既往的成功經驗，即保持 Uniqlo 全球一致化。在保留了 Uniqlo 在日本成功的本質不變的前提下，適當針對不同的地區環境做出適當的調整。各個分店既需要秉承源於大和民族的經營理念，又需要吸取該地區的經營文化，從而增加自身的競爭力。

而不論是在紐約還是在巴黎，Uniqlo 一直都在強調自己是來自日本的品牌。在 Uniqlo 出現在世界舞台之前，日本的汽車和家電等輸出產品，都在國際上留下了好名聲。因此，強調自己來自日本，在一定程度是借鑑了前輩們築下的口碑，以至於可以使消費者因此而產生對 Uniqlo 服裝品質的信任感。並且，Uniqlo 在一邊滿足了各國不同消費者對日本質優價廉的產品的期待的同時，也著力在不間斷地進行著新產品的開發，以圖使自身超越消費者的想像。最終，其透過推出精品和潮流的品牌概念，獲得了初步的成功。

回看許多前輩們或成功或失敗的歷程，大凡最終無功而返的企業，皆是因為或過分堅守自己的品牌文化，或過分被當地的文化融合而失去了自身的特點，這對 Uniqlo 來說是難以忘記的警鐘。

以 Uniqlo 巴黎旗艦店的經營為例，柳井正要求的是要在這裡實現無國界無差別化。不管店員是什麼國籍什麼膚色，在這裡，統一被稱之為 Uniqlo 人，他們需要做到的是為消費者提供具有和日本店鋪一樣的服務品質。顧客才是上帝，這是從來都不需要去爭論的話題。在無差別化的經營理念中，此為第一條準則。

為了實現「Uniqlo 化」，巴黎旗艦店在招募員工的時候可謂煞費苦心。Uniqlo 開出的招募條件很奇怪，不論年齡、性別、膚色、國籍、學歷，只要其工作態度符合 Uniqlo 的經營理念，就能夠成功通過第一輪的考試。而面試則是非常特別的一關，主考官要確認的目標很明確，就是這個人能不能夠在接待消費者的時候呈現出具有 Uniqlo 化傾向的「主動觀察並認知消費者的需求」。

通過面試後，新招聘來的員工還需要經歷 Uniqlo 設定的嚴格且精準的訓練課程。新員工統一都由老員工負責訓練，這種「老人帶新人」的方式一方面可以讓新人快速學會基本的技巧；另一方面還能夠提高員工對企業的忠誠度和責任感，並且還會形成類似於社團一般的具有上下連結關係的內部紐帶。

最後，通過一系列訓練而留下來的員工，必定已經徹底懂得了「顧客優先主義」的概念。員工 Uniqlo 化，目的是為了讓不同籍貫的員工不會因為自身的原因而受到差別對待。在 Uniqlo，奉行的是能力主義的升遷制度。所以在 Uniqlo，任何人想要獲得升遷，不僅需要掌握好管理的知識和技能，還必須能夠如同每一個最普通的員工一樣把散亂的衣服疊好、熟悉收銀台的操作、可以利用縫紉機修改衣服等。換句話說，在 Uniqlo，只有能力高低的差別，而從來沒有職位高低的差別。能者多勞，也必然會多得，這是最公平的競爭方式。

值得提倡的是，Uniqlo 中並不存在優秀人才把自己的技能保密起來的現象。每一家分店的店長，必定是這家店中技術最全面的員工，但他同時也承擔著把自己的技能傳承給其他員工的責任。只有整體的強大，才是真正壯大發展的前兆。這也正是 Uniqlo 的遠見所在。

在指導下屬的時候，柳井正要求的不是主管人員擬出只有空話的規章制度，而是希望每一個主管都能夠親自動手示範，真正做給下屬看。如主管要求員工要在一分鐘之內把若干件衣服疊好，那麼首先他自己就先要有能力達到這個標準，並且在全體員工面前展示過，以證明這條規章不是憑空臆想出來的，之後這條規章才能夠對員工起到約束力和鼓動性。

因為主管的示範作用，再懶散的員工也會在不知不覺中變成一個合格的「Uniqlo 人」。很多計劃到巴黎旅遊的人，在動身之前總是會聽說一些巴黎人如何傲慢的題外話，但當他們進入了Uniqlo的巴黎旗艦店後，被當地的員工親切服務時，他們一定會因此而讚不絕口。他們會說，自己彷佛置身在日本的店鋪中，絕對不會想到這裡就是印象中的巴黎。

柳井正說，在面對全球化的競爭時，Uniqlo永遠不能放棄的是自己的「日本理念」，這也是Uniqlo能夠在日本成功並且陸續在世界各地扎根的根本。在迅銷公司的經營理念中，柳井正提到，迅銷公司的目標就是要建立起一個跨越休閒服飾框架，從而盡最大的努力和可能性來豐富消費者的日常生活，透過企劃和生產真正符合消費者喜好並且質優價廉的服裝，透過自身的成長而真正變成為消費者心中優秀服裝代表的品牌。

Uniqlo要實現的，不只是員工和經營理念的全球Uniqlo化，更是對消費者消費需求和消費喜好的Uniqlo化，同時也是為消費者提供優質消費體驗的全球Uniqlo化。只有保持住Uniqlo的品牌概念，才能使其成為全球服裝業的一朵奇葩。

◈強勢併購，布局全球◈

「因為光靠國內市場，已經無法在商業競爭中立足，所以Uniqlo有必要全球化。」在被問到Uniqlo為什麼要進軍國際市場的時候，柳井正如此回答說。柳井正一直以來都懷有一個夢想，他希望能夠以Uniqlo為矛頭帶領著迅銷公司實現整個企業的全球化。在把工作領域擴展到全世界範圍的同時，柳井正想要看到的景象不是全球四處派遣日本員工去工作，而是世界各地的員工主動進入Uniqlo尋找個人發展的機遇。

因此，柳井正在二〇〇五年重新回到Uniqlo的時候，他提出了「二次創業」的口號。這一次，他希望看到Uniqlo從日本國內真正走向全世界，向所有的消費者展現出一個具有世界規模的新Uniqlo。

在二〇〇五年之前，Uniqlo作為日本的國民品牌，當時的經營業績只有三到四億日元，這相當於整個日本市場營業額的百分之三到百分之四。面對日本服裝市場的蛋糕，Uniqlo之所以沒有繼續再咬下去，和其自身經營業務的範圍有很大關係。Uniqlo以經營休閒服裝為主，為了改變因此而造成的停滯不前的困境，柳井正決定橫向拓展Uniqlo的業務範圍。

為此，迅銷公司成立了以投資為手段而擴大業務範圍的子公司，利用併購的方式來加大Uniqlo的市場占有率。柳井正設定的併購目標是，迅銷公司透過這樣的方式能夠在歐美市場建立起長久的據點，並且以此來促使Uniqlo成功入駐紐約和巴黎等地，進而躍居世界知名服裝品牌。

第一次併購行為發生在二〇〇四年一月。當時，迅銷公司和日本的theory分公司合力把美國的theory總公司購買了下來。theory公司是創建於一九九七年的一家以中年女性為主要客戶層的服裝品牌，柳井正毫不掩飾自己對theory公司的興趣。他說，迅銷公司買下的theory公司，完全可以作為Uniqlo在紐約發展的據點。如果能夠把theory公司併購到迅銷公司的體系之中，這對Uniqlo進軍美國市場無疑有著巨大的影響力。

因為theory公司早已經具備了一定的知名度，柳井正的如意算盤看起來天衣無縫。並且，當下的theory公司還有了進軍歐洲的打算，這就等於是在為Uniqlo的歐洲計畫提前打通了道路。因此，併購theory公司，是迅銷公司最成功的併購案例之一。

之後，迅銷公司又買下了兩家以巴黎為據點的知名服裝品牌。包括theory公司在內，柳井正認為自此Uniqlo在進軍紐約和巴黎之前，因為已經併購下的現在隸屬於迅銷公司的子品牌在當地的知名度，必定會為Uniqlo的出現宣傳造勢。消費者會理所當然地認為，Uniqlo和這三家知名品牌具有一定的關聯度，如此便可在無形中提升 Uniqlo 的品牌價值。

然而，並不是每一件事情都如同預想的一般順利。二〇〇五年十一月，當迅銷公司試圖併購 rosner-J 品牌作為 Uniqlo 進入歐洲的據點時，卻把一副好牌砸在了手裡面。rosner-J 品牌在被併購之前，早已經是空有其表了，因此柳井正為了避免更大的損失不得不在二〇〇八年十二月分把迅銷公司所持有的所有 rosner-J 的股份賣掉，為此他直接損失了十七億日元的資金。

但柳井正並沒有灰心，就像是他一直秉持的一勝九敗的理念一樣，失敗對他來說只是通往成功的一段小插曲。其實，迅銷公司如此大規模併購的行為，背後還隱藏著柳井正一個不為人知的小祕密。迅銷公司因為併購這些國際品牌，讓外行人看起來多少有些蛇吞象的錯覺，因而各種媒體便會主動對迅銷公司和 Uniqlo 大肆宣傳報導，這正是增加柳井正個人和 Uniqlo 曝光率的最好時機。

以迅銷公司試圖併購美國的 BARNEYS 百貨公司為例，BARNEYS 是發源於曼哈頓的百貨公司，其背後有著來自中東地區的石油公司作為強有力的後盾。儘管柳井正當時確實是想要把這件事情辦成，並且他還開出了高達九億美金的收購費用，但最後的結果卻不是之前預想的結果。迅銷公司即使併購了 BARNEYS 百貨公司，也依舊無法獲得對 BARNEYS 百貨公司的自主經營權。

面對BARNEYS百貨公司勢力範圍涉及洛杉磯、芝加哥、波士頓等全美三十四個據點的現狀，柳井正實在不忍心就這麼輕易放棄。但柳井正始終堅持自主經營權，以此為Uniqlo的前進提供保障。因為這一願望無法實現，最後不得不放棄了當初併購行為的設想。

當所有人都為這件事情的失敗感到遺憾的時候，大家卻驚訝發現，在近兩個月的時間裡，因為迅銷公司參與了全程的併購活動，當地的媒體對Uniqlo和柳井正的曝光率達到了前所未有的水準。雖然最後失敗了，但Uniqlo的名聲卻在該地傳播開來。Uniqlo在時尚零售業的知名度，也被提升到空前的高度。事後，柳井正說，當時美國人根本就不知道迅銷公司，正是因為併購BARNEYS百貨公司這件事情，才能讓自己在美國一夜之間成為家喻戶曉的人物。

現在回想起來，柳井正甚至為當初沒有成功併購BARNEYS百貨公司這件事情感到些許慶幸。二〇〇八年的金融海嘯使得眾多企業的品牌價值銳減，BARNEYS也不例外。而柳井正和Uniqlo，卻依舊能夠在亂世中笑傲群雄。

面對併購的失敗，日本媒體開始鼓吹Uniqlo並不具備成長為全球化品牌能力的言論。他們指出，柳井正一直引以為傲的Uniqlo服裝品牌，儘管在品質和價格上具有無可比擬的優勢，但缺乏打動海外市場的能力。一直到二〇一〇年五月分，柳井正在接受日本《鑽石週刊》的訪問時才正面回應這些流言。他說，自己近幾年一直都在和世界不同品牌的經營者見面會談，並且還主動研究過上百家不同企業的經營現狀，迅銷之所以暫時停止了併購的腳步，不是因為自身沒有如此實力，而是還沒有尋找到真正合適的併購目標。同時，柳井正還說道，併購行為並不是股權持有者之間透過爾虞我詐的行為實現資金的轉移，真正考驗經營者的是併購成功後兩家不同企業之間的整合問題。如何把 Uniqlo 的理念，完美融入到併購而來的企業中，才是困難所在。

不論既往的 Uniqlo 曾歷經多少成功或者失敗，柳井正始終保持著大浪淘沙之後的淡定和從容。在他看來，成功一日便可捨棄，真正具有誘惑力的事情，是充滿了無限希望的明天。

◈世界即市場◈

在《富比士》雜誌二〇〇九年排行榜上，柳井正以六十一億美元身價成為日本首富，這是日本歷史上第一位靠服裝登上榜首的企業家。支撐這一財富奇蹟的是休閒服裝連鎖店 Uniqlo 在金融危機中的優異表現。

在二〇〇八年九月到二〇〇九年八月的財政年度報表上，Uniqlo 銷售額和營業利潤分別達六千八百五十億日元和一千零八十六億日元，較上一財年分別增長百分之十六點八和百分之二十四點二，這一業績與全球服裝業的普遍慘澹形成鮮明對比。

二十世紀以來，Uniqlo 作為一個平價品牌，低價百搭等行銷策略曾受到業內人士的質疑甚至嘲諷，但事實證明，海外旗艦店帶來的聲望為 Uniqlo 帶來了巨大的品牌增值。

而透過開設旗艦店，與一線奢侈品牌為鄰，既提升了品牌檔次，又能即時吸取最前沿的設計理念和靈感，從而保證自身品牌發展持續創新活力。同時，海外擴張本身也為 Uniqlo 提供了最佳的成長空間。

隨著科技、金融的全球化發展，世界變得愈加一體化、平面化。服飾產業同樣如此，越來越緊迫的行業競爭將爭鬥的平台壓縮到同一陣地。

柳井正強調：「世界就是我們的市場。若無法在世界市場通行無阻，Uniqlo 在日本也無法存活下來。如果只甘於國內市場的龍頭地位，總有一天會被全球化企業給打敗。也就是說，企業如果無法在全球競爭中取得勝利，就很難生存。這也是 Uniqlo 積極推展全球化的唯一原因。」

現實情況是，在日本，Uniqlo 開店已接近飽和，而其未來的目標是實現年銷售額超過競爭對手 GAP、H&M，以及擁有 ZARA 品牌的 Inditex 公司的銷售之和。要實現這一宏偉目標，海外市場尤其是亞洲市場的開拓勢在必行，並且已經顯現出極高的增長潛力。

柳井正經常說的一句話是，「只在日本做銷售的公司，最終無法在日本銷售」，這不僅揭示了經濟格局的變化，更顯示了一個企業的危機精神，這也是Uniqlo在危機中不倒的祕訣之一。

迅銷公司發言人Naokiotoma說，Uniqlo也有意在五年之內進入印度和巴西市場。雖然國外的零售商要求能夠以擁有較小份額與本土商家合作，但是這個要求很快會被改變。Naokiotoma說，據調查，這些規定會在一年內取消。

Naokiotoma的發言信心滿滿，但是，如何從眾多的全球「SPA」策略模式發展的同行業中殺出重圍呢？我們聽聽柳井正對此有何高見？

他說：「以日本的汽車銷售為例，為什麼日本的汽車可以在全世界熱賣？那是因為品質好的緣故。我們的Uniqlo服飾也是如此。我們日本人只要想贏過世界各國，就會製造最高品質的商品賣給全世界。我們一定要創造這種企業體制。」

然而迅銷在二〇〇八年八月的銷售統計中，日本國內Uniqlo業績就占了全部的百分之八十，從整個集團體系的營業額看來，若不趕快往前推進全球化，一點也無法有效開展持續成長策略。

柳井正雖然面對很多發展難題，但是這一點，他並不顯得困惑。

柳井正分析如下：「全球市場中消費者的需求正漸漸趨向同質化。注意一下Uniqlo門市所在的東京、紐約、倫敦、巴黎等地，你會發現不管是在哪個城市，出現的品牌都大同小異。雖然比起日本人，外國人的胸膛顯得較厚實，臀部也比較大，體型完全不一樣，但我覺得大家對於休閒服飾的需求有百分之九十都差不多。」

這個分析的確不假。實際上，H&M的配貨會隨地區及門市有所差異，但基本上價格及商品都是全球同步，而且經過日本消費者嚴格把關過的Uniqlo品質有口皆碑。

另外，基本的設計款式也是世界共通，也能獲得全球消費者的更高接受度。也就是說，Uniqlo是讓全世界的消費者可以毫不遲疑、安心選購的品牌。

當然，看清當下問題，才能與未來發展策略快速接軌，Uniqlo所面臨的實際問題仍然不可小視。

不過，以柳井正領隊的Uniqlo團隊依然充滿自信，他說：「今後，我想要著手的事，在世界上可能有人已經在執行了。所謂學習，我覺得就是在腦子裡思考的同時，如果認為是好的，就率直模仿他人做相同的事。成功的要因除了本身所學到的，若看到世界上的好事或是優秀人才所做的事，我們應該敞開心房，考慮自己要不要跟著做。」

可見，在全球速銷的同時，Uniqlo 服裝所提供的僅僅樣式多樣化的局限性將無法逃避，必須拿出真正有效的行銷對策來處理，創造出更高的附加品牌價值，以此重新來吸引消費者。畢竟，部分品牌提供的附加價值得到消費認可，但是對想把服裝賣給全世界每一個人的 Uniqlo 來說，未來的發展之路還有很多工作要做。

電子書購買

國家圖書館出版品預行編目資料

優衣策略　UNIQLO 思維：柳井正的不敗服裝帝國，超強悍的品牌經營策略 / 谷本真輝，金躍軍 著 . -- 第一版 . -- 臺北市：崧燁文化事業有限公司 , 2023.08
面；　公分
POD 版
ISBN 978-626-357-516-5(平裝)
1.CST: 服飾業 2.CST: 企業經營 3.CST: 品牌行銷 4.CST: 日本
488.9　　112010896

優衣策略　UNIQLO 思維：柳井正的不敗服裝帝國，超強悍的品牌經營策略

臉書

作　　者：谷本真輝，金躍軍
編　　輯：楊佳琦
發 行 人：黃振庭
出 版 者：崧燁文化事業有限公司
發 行 者：崧燁文化事業有限公司
E-mail：sonbookservice@gmail.com
粉 絲 頁：https://www.facebook.com/sonbookss/
網　　址：https://sonbook.net/
地　　址：台北市中正區重慶南路一段六十一號八樓 815 室
Rm. 815, 8F., No.61, Sec. 1, Chongqing S. Rd., Zhongzheng Dist., Taipei City 100, Taiwan
電　　話：(02)2370-3310　　傳　　真：(02) 2388-1990
印　　刷：京峯數位服務有限公司
律師顧問：廣華律師事務所 張珮琦律師

定　　價：299 元
發行日期：2023 年 08 月第一版
◎本書以 POD 印製